データで話す組織

プロジェクトを成功に導く「課題発見、人材、データ、施策実行」4つの力

大城信晃、油井志郎
小西哲平、伊藤徹郎
落合桂一、宮田和三郎 著

技術評論社

はじめに

会社をデータの力で変えたい DX 担当者を応援する一冊

大城　信晃

「DX により業務を刷新したい」
「DX で 3 〜 5 年後には売上を 2 倍にしてくれ」

　DX（Digital Transformation）に関わってきた方であれば、聞いたことがある言葉ではないでしょうか。しかし、データをデジタル化するところまではイメージがつくものの、その先に何をしていいのかわからない方や、DX 推進の指示が下りてきたが、本当に 3 〜 5 年で売上を 2 倍にすることなど達成可能なのか、さっぱりわからないという方も多いのではないでしょうか。

　これまで多数の DX プロジェクトのアドバイザーを経験した筆者の立場から見えてきたのは、**経営者もマネージャも現場も、DX についてよくわかっていない**ということです。DX が何かを聞いてみると「アナログの業務のデジタル化」を想起する方もいますし、一足飛びに「AI の活用」ととらえる方もいます。

　では、DX の定義とはなんでしょうか。総務省の令和 3 年版情報通信白書[*1]では以下のように記されています。

　企業が外部エコシステム（顧客、市場）の劇的な変化に対応しつつ、内部エコシステム（組織、文化、従業員）の変革を牽引しながら、第 3 のプラットフォーム（クラウド、モビリティ、ビッグデータ／アナリティクス、ソーシャル技術）を利用して、新しい製品やサービス、新しいビジネスモデルを通して、ネットとリアルの両面での顧客エクスペリエンスの変革を図ることで価値を創出し、競争上の優位性を確立すること

[*1] 「総務省 令和 3 年版 情報通信白書 デジタル・トランスフォーメーションの定義」より
https://www.soumu.go.jp/johotsusintokei/whitepaper/ja/r03/html/nd112210.html

　端的に言うと「新たなデジタル技術の活用による競争優位性の確立・企業変革」のように捉えることができ、本書で DX という場合はこのように言っているのだなと捉えてください。

　このような劇的な外部のエコシステムへの対応も、新たなデジタル技術の知識も、競争上の優位性の確保も一朝一夕には実現しません。実際、DX を推進するには多くの未知の困難が待ち受けています。例えば、以下のようなタスクが想定されます。

- DX プロジェクトを立案
- 経営陣に対する説明と予算獲得
- 社内外のメンバーを募って専門の DX 推進チームの設立
- 取り組むテーマによっては、アナログ業務のオペレーションをデジタル化
- 経営・業務課題のヒアリング
- データ分析に基づく意思決定と改善施策の提案
- 必要に応じて各種 AI ツールの導入
- 導入した各種ツールが使える人材育成
- 評価制度を含めた継続的な組織変革
- 新たな領域へのチャレンジ

　上記は一例ですが、やるべきことが多すぎて、頭が痛くなってくるのではないでしょうか。

　これらすべての経験を持つ方は少ないため、これまで経験したことがない役割を担う場面も多々あり、ハードかつ不確実な仕事になることは間違いありません。しかし、これらは誰かが本腰を入れて推進しなければならない、組織にとっては重要な仕事です。**本書は「データで話す組織」を合言葉に「会社をデータの力で変革したい」と思う DX 担当部長、企業経営者や現場のみなさんの支援となる一冊を目指して執筆しました。**

4 つのケイパビリティと 3 つのフェーズ

　競合他社への優位性を確立するために組織が持つ能力を**ケイパビリ
ティ (capability)** と呼ぶことがあります。データの利活用によって競争
優位に立つことを考えたとき（命じられたときも）、**本書では、組織が備
えるべきケイパビリティを、課題発見力・人材力・データ力・施策実行
力の 4 つに分解しました。**そして、本書では DX のプロセスにおける一
連の流れを単に説明するのではなく、**自社に足りないケイパビリティが
何かを把握することで課題**を明確にし、これによって一歩ずつ着実に DX
を進める方法を提案します。

　また、短期間で AI を巧みに操る組織に生まれ変わることはありえませ
ん。**本書では、組織が変革するフェーズを、デジタル化・データ分析・
AI・データサイエンスの 3 つに分け**、自社の現状を照らし合わせることで、
どのケイパビリティに取り組むべきかがわかるようにしています。

継続なくして DX なし

　新しい技術の実証実験のために、PoC（Proof of Concept；概念実証）に取り組む企業が増えていますが、そこで設定される期間は半年から 1 年、長くても 3 年程度です。一方で DX を**「ケイパビリティの獲得」**という観点で考えると、**5 年、10 年、15 年という中長期の時間軸**で考える必要があります。これは歴史の長い会社ほど、また組織が大きいほど「現在の働き方をベースとしたある種の慣性」が作用し、組織変化に時間がかかるためです。DX プロジェクトを 1 つの単なる PoC の遂行として捉えるのではなく、まさに**会社を「変身」させるための不断の努力の取り組み**と考えるべきです。多くの書籍や資料が「即効性のある取り組み」の紹介に価値を見出す中で、本書は**「10 〜 15 年かけて、組織のケイパビリティを養成する」というスタンス**で解説していきます。この考え方を共有したうえでお読みいただき、本書の内容がみなさんの DX 推進の一助となれば幸いです。

データで話す組織をおすすめする理由

大城　信晃

データとは何か

「データで話す組織」について考える前に、まず「データ」について考えてみましょう。

データはDXにおける影の主役ともいえ、ビジネス活動の足跡が記録されたものです（それゆえ**データは21世紀の原油**と評されることもあります[*2]）。

データそのものについて、普段の生活の中で意識することは少ないと思いますが、実際には多種多様なデータが身の回りに存在しています。モノが動けば配送の記録がデータとして残りますし、カネが動けば取引金額の記録、ヒトが動けば勤怠表や人事データなどが蓄積されます。またデータの粒度もさまざまな形をとります。例えば個々人・ひとつひとつの商品単位をグループ化して集計することで、自社の社員データ、顧客の一覧データ、取引先のデータ、競合企業のデータといった形に姿を変えます。

ビジネス活動においては、**それらのデータから価値を引き出す取り組み**が必要となります。データを記録・集計・可視化・分析することで、例えば取引履歴を照会したり、経営指標を把握したり、データに基づくマーケティング活動を行ったりすることができます。統計学を応用すれば少ないサンプルデータで全体の動向を推計したり、またデータレイクと呼ばれるデータ基盤[*3]やBI（Business Intelligence）ツールを導入すれば**全**

[*2]　「日本IBM マーティン・イェッター氏が語る、21世紀における"データ"という天然資源」
https://www.sbbit.jp/article/cont1/28284

[*3]　データレイクとは、データの湖を意味し、データ分析に必要な情報を貯めておく分析基盤のことです。他にも、データウェアハウスやデータマートなど、データの加工の段階に応じたデータ分析基盤が存在します。BIツールの真価を引き出すためにもデータ分析基盤の整備は重要です。

体俯瞰と個別詳細を自由自在に行き来できるようになります。さらにデータサイエンスや機械学習の技術と組み合わせれば、予測を行う機械学習モデルの構築やビッグデータからの要因解析も可能となり、**担当者の主観だけではない、データに基づく意思決定**が可能となります。

データで話す組織とは

　では、本書のタイトル「データで話す組織」とは、どういった状態の組織を指すのでしょうか。端的に表現すると「**必要なタイミングで必要なデータをもとに分析・議論・意思決定ができる組織**」です。経営者であれば決算報告が最も関心のあるトピックだと思いますし、各事業の部門長は自部門の業績データに関心があるでしょう。さらに職種ごとにみると、営業部門は顧客のリードに関するデータ、人事部門であれば採用媒体ごとの応募者の数や社員のスキルに関するデータ、カスタマーサポート部門であれば顧客からの問い合わせの内容に関するデータに興味があると思います。

　データを適切に収集し、ビジネスに活用できれば、多くの業務を効率化し意思決定を支援できるのですが、実際には以下のような理由により、なかなか自由にデータを扱えないことが多いようです。

「データで話す組織」への変革を阻害する要因の例

- デジタル化が進んでおらず、データ集計にコストがかかる。例えばアンケートを紙で実施しており、集計する必要がある
- データが各部門でサイロ化[4]しており、横断的な分析が困難
- デジタル化されたデータはあるものの、分析できる人材がいない
- 分析できる人材がいても、実務を担当する部門との連携がとれず、ビジネス課題を正しく把握できない
- 同様に、連携がとれず施策実行まで進まない

　すべて当てはまらなくても、これらと同じような経験をお持ちの方も多いと思います。このような状況では「21 世紀の原油」と呼ばれるデータは社内に埋もれたままです。特にあらゆるサービス・モノが飽和し、機能的な観点だけでは差別化が困難となってきた現在、「データで話す組織」を構築できるかどうかは競合に勝つため（または、負けないため）の重要なテーマです。

データで話す組織のメリット

　では、データで話す組織が作れたら何が嬉しいのでしょうか。筆者は大きく 3 つのメリットがあると考えています。

　1 つめは、**データを準備する時間が短縮できる**点です。これはほぼすべての従業員および経営陣にとってメリットがあります。例えばこれまで紙で管理されていた大量の伝票データやタイムカードがデジタル化され、Excel や専用ツールで扱えるようになるだけで、集計処理は圧倒的に早くなることは明らかです。

---

[4]　データのサイロ化とは、組織内でデータが分断され、特定の部門やグループ内でのみアクセスや利用が可能で、他の部門やグループとは共有されない状態を指します。

　2つめは、データで話す組織を作ることができれば「**データという資源を着実にビジネスに活用できるようになる**」という点です。本書では「デジタル化」「データ分析」「AI・データサイエンス」の3つのフェーズを踏むと前述しましたが、特にデジタル化から一足飛びに AI・データサイエンスの活用に取り組んではいけない、という主張をしています。データ活用の基礎となる「データ分析」ができる状態を経て、データに基づく施策の継続的な改善を経験し、その次により高度な「AI・データサイエンス」フェーズに着実に向かいましょう。

　3つめは「**部門の壁を超えて、新しい意見・アイディアを取り入れやすくなる**」という点です。組織は大規模化が進むにつれ、部署や役割、業務が細分化され、いわゆる「権限・情報のサイロ化」が発生します。その結果、改善アイデアを持った社員がいても、自身の管轄でなければデータにもふれられず、発言の機会も得られません。本書で提案する「データで話す組織」を目指すことで、データが共通言語となり、部門や立場を超えた議論が可能となります。このメリットは特定のプロジェクトの成果というより、企業文化や風土の醸成に近い観点ですが、**「誰が言ったか」ではなく「何を言ったか」で評価される文化**、また**多種多様なバックグラウンドを持つ「社員の集合知」を引き出す仕掛け**として働きます。

　「データで話す組織」のイメージをつかむために「データで話さない」組織と「データで話す」組織を比較してみます（表0.1）。

表0.1　データで話さない組織とデータで話す組織の比較

	データで話さない組織	データで話す組織
データ抽出	遅い	早い
PDCA[*5]	Check の振り返りが弱い	Check が定量的、かつ網羅的なため評価・改善につなげやすい
業績レポート	データを集めるだけで一苦労	基本的な数字はすべて自動で構築
会議時間	長い。必ずしも事実に基づかない	短い。事実に基づいた議論ができる
予測	過去の経験を中心に構築。属人性が高い	過去のデータを中心に構築。十分なデータがあればしくみ化できる
スコアリング（与信や評価など）	主に人間が対応する	一部を統計モデル・AI で代替可能。業務自動化による工数削減
全体俯瞰と詳細深掘り	報告内容を深掘りしようとすると、1〜2週間かかる	BI ツールを使って会議中に気になる数字を即時に深掘りできる
現場の知見集約	なかなか進まない	データを共通言語に、誰でも議論に参加できる
課題発見	時間がかかる	現場の知見＋データに基づく議論で課題を早期発見できる
故障検出	故障してから対応する	予兆を捉えて事前に手当できる
AI 技術への親和性	AI を鵜呑みにしてしまう	AI を疑って適切に利用できる
データの経営資源化	アナログの状態のデータはあるが、デジタル化されておらず経営資源として使えない	全社共通のデータ基盤（データレイクなど）が構築され、データを経営資源として使える

　データで話す組織の構築により、従来は困難であった意思決定の高速化や AI 技術を用いた予測などが可能となり、先手先手の企業活動が可能となります。

[*5]　Plan（計画）、Do（実行）、Check（評価）、Action（改善）を繰り返し、継続的に施策の改善を図る管理手法です。

データで話す組織の代表例

　データで話す組織を体現している事例としては、「ワークマンのExcel 経営」が有名でしょう。2012年に土屋哲雄氏が入社したことをきっかけ に、社内のデータが整備され、データの活用が進み、そしてデータで語 る文化が構築されました。、わずか10年で売上2.6倍を達成しています。 「従業員の誰もが共通のデータを見て発言ができる」という文化の醸成に も取り組まれており、近年は予測モデルの構築など、データサイエンス の領域にもチャレンジしています。ワークマンの事例の詳細については、 1章末のコラム「ワークマンでのデータ活用の軌跡」を参照してください。

　2つめの事例としては、特定企業の枠を超え、業界レベルでのデータ 活用事例としてタクシー業界が挙げられます。タクシー業界においては、 これまでは一般的に電話で予約を受け、ドライバーの経験と勘に基づい てサービスを提供していたところが、DXによりリアルタイム配車アプリ が提供され、タクシー需要の予測システムが構築されました。これにより、 今や国内ではタクシーの配車アプリが一般化し、タクシーが配車される までの時間や経験に頼った流し運転の効率化が実現しています。これも 「データ」をうまく使ったビジネス改革の一例といえますが、このような しくみを生み出すためには「データで話す組織」に必要な各種ケイパビ リティの蓄積が欠かせません。この事例の詳細については1章末のコラ ム「タクシー業界でのデジタル化とデータ分析技術の活用」を参照して ください。

本書の読み進め方と
ケイパビリティについて

大城　信晃

本書の読み進め方

　本書では、まずこの「はじめに」で、本書の対象とする読者像や用語の定義、各フェーズで目指す組織の状態などについて説明します。1章では話を一歩進め、「データで話す組織」を構築するうえで重要な全体戦略について解説します。データで話す組織にはどのようなメリットがあるのか、実際に DX の取り組みを始める場合にどのような手段がありうるのか、といった論点が含まれます。1章は以降の章の前提となりますので、ご一読されることをおすすめします。2章ではアナログ業務からのデジタル化ついて、3章では集計・可視化を中心としたデータのビジネス活用について、4章ではデータサイエンスを用いた高度なデータ活用について、それぞれの章で「4つのケイパビリティの蓄積」という観点で解説します。2章以降はみなさんが所属されている会社の現状に合わせて読み始める部分を選ぶことになります（なお、前の章に書いているケイパビリティが蓄積できていることが次のフェーズに進む際の前提条件となります）。

　特に3章で語られる「データ分析」のフェーズは本書の特徴の1つでもあります。このフェーズでは、業務課題のヒアリングやデータクレンジング、データを Excel や BI ツールで集計・可視化して、議論をまとめるなどのタスクが中心となります。これらは AI などの先端技術活用を期待して DX プロジェクトに着手された方からすると一見地味とも捉えられがちなテーマですが、前後のフェーズをつなぐ重要なフェーズです。AI や機械学習といったテクニックに頼る前に、データで話す組織として「シンプルにビジネス課題を解くための基礎」もこのフェーズを経ることで身につけることができます。アナログ業務のデジタル化の後、一足飛びに AI の活用に取り組まれるケースを見聞きすることがありますが、こ

の「データ分析」フェーズにおけるステップを正しく踏まないと、例えば AI やデータサイエンスの研究チームが立ち上がったものの、他部門との連携が薄いために、事業部門との連携が取りにくくなり、課題抽出や施策実行時に他部門の協力を得られず、DX の取り組みがビジネス課題の解決に直結しない、といった状況が発生してしまいます。ビジネスへのデータ活用の基本となるパートですのでぜひご一読ください。

なお、「データで話す組織」を目指すのであれば、3 章までは多くの企業で目指してもらいたい最低限の到達ラインとなります。4 章は応用パートですので「競合との差別化」を念頭に置いて読んでみてください（なお、AI モデルを自社で構築・運用したい場合は 4 章までが必須のケイパビリティとなります）。

4 つのケイパビリティ獲得に向けた
おすすめのスタンス

本書では、データで話す組織に必要な以下の 4 つのケイパビリティを提示しています。それぞれの本書での定義を以下に示します。

- 課題発見力：ビジネス課題を発見し、どのような手段で解くべきかを検討できる能力
- 人材力：解くべき課題に対し、デジタル、データ分析、データサイエンスを用いたアプローチで解決できる能力
- データ力：自社、顧客、競合などビジネスの意思決定に必要なデータが分析に活用できる状態で整備されている能力
- 施策実行力：部署・部門の壁を超えて、現場から経営まで会社一丸となってデータに基づく施策を実行できる能力

これら 4 つのケイパビリティは、3 つのフェーズを推進する際に必要な一連のタスクともいえます。そのため、特定のケイパビリティだけを強化するよりは、**不足しているケイパビリティを優先的に補う**というバランスを重視したスタンスをおすすめしています。ボトルネックとなる弱みを解消するといった使い方です。

課題発見力が不足していれば、何を分析したらいいかわからないとい

う状況に陥りがちです。人材力が不足していれば、例えば IT の経験はあっ
てもデータ分析はまったくの素人で進め方がわからないという問題が発
生します。データ力が不足すればデータを集める工程で毎回多くの時間
を失ってしまうでしょうし、施策実行力が不足すればいくら良い分析を
してもアクションにつながらず、実際のビジネスに貢献できません。

　「**自社の DX プロジェクトがうまくいかない理由はなぜか？**」という悩
みを抱えているのでしたら、この 4 つのケイパビリティを思い出し「**ど
の部分がボトルネックになっているのか**」を検討してみてください。こ
の思考が身につけば、本書に記載されていない想定外の出来事に対して
も、独自で乗り越えるためのヒントが見つかるでしょう。

　これらの 4 つのケイパビリティは、フェーズが変われば求められるも
のが変わります。取り組む前後も含んでどのように変わるか紹介します。

「デジタル化」に着手する前の組織のイメージ

　2 章で解説する「デジタル化」に着手する前は、表 0.2 のような状態が
想定されます。

アナログな業務フローを中心とした、旧来のビジネススタイル。紙が中心で FAX も現役

表 0.2：デジタル化に着手する以前の組織の状態

ケイパビリティ	組織の状態
課題発見力	前例踏襲が基本。過去の経験や体感に基づく意思決定のため、前例のない問題に対してはどのように進めればいいかわからない。
人材力	IT の専門部隊もデータ分析の専門部隊も組織されていない。
データ力	アンケートや注文書をはじめ、多くのデータが紙で保持されており、すぐに参照できない。
施策実行力	あらかじめ計画していた施策は実行できるものの、デジタル技術を用いた新しい施策や、1 週間〜 1 ヶ月の短期スパンで PDCA サイクルを高速に回す取り組みは困難。

　紙を中心としたデータが業務で多用されている場合、まずそのデジタルデータへの書き起こし作業だけでも相当な労力が発生します。このような状態では、データに基づいた議論の準備に時間がかかると思ってください。

「デジタル化」フェーズの到達目標

　2章のデジタル化に関する取り組みが完了した組織は、表0.3のような状態になっていると想定されます。

目指す組織像：アナログ業務のデジタル化が完了し、データに基づく議論ができる組織

表 0.3：デジタル化フェーズが完了した組織の状態

ケイパビリティ	組織の状態
課題発見力	デジタル化により効率化の余地がある業務を発見できる（ただし、データ分析やデータサイエンスの観点はまだない）。
人材力	IT・デジタル化の専門チームがある（ただし、データ分析チームはまだない）。
データ力	部署単位でのデジタルデータはほぼ整っている（ただし、データ分析基盤は構築前）。
施策実行力	IT技術の活用を軸とした施策立案・実行ができる。

　このような状態から次のフェーズに進むには、データ分析に使えるデータの用意や、データ分析人材の確保・育成が課題になります。ここで立ち上がったITチーム（部門）は、あくまで一般的な情報システム部門として振る舞うことになり、自社や顧客の状況をデータ分析したうえで各事業部に施策立案するようなミッションは与えられていません。

「データ分析」フェーズの到達目標

　3章のデータ分析チームの構築が完了する頃は、表0.4のような状態だと想定されます。

目指す組織像：集計・可視化を中心としたデータに基づく議論・ビジネス提案ができる組織

表 0.4：データ分析フェーズが完了した組織の状態

ケイパビリティ	組織の状態
課題発見力	データ分析に基づく課題発見ができる。業務担当者へのビジネス課題のヒアリング、仮説構築、データの集計・可視化、施策提案などを中心としたある種のコンサルティングが展開できる。自社理解、顧客理解、競合理解についてもデータ分析の中で知見を深めている。
人材力	集計・可視化を中心としたデータ分析チームが設立されている。デジタル化だけでなく、データの集計・可視化や業務ヒアリングによる仮説構築に基づき、ビジネス課題を把握、改善提案できる（データサイエンスチームはまだない）。
データ力	データ分析に必要なデータが精査され、プロジェクト単位でのデータレイクの構築など、データが集計ができている。全社横断のデータ基盤の議論も開始・一部着手されている。基本的には自社内のデータの蓄積・整備のフェーズであり、グループ会社間のデータ連携には未着手。
施策実行力	IT 技術、データ分析技術の両方の観点から各種社内のビジネス課題に対して施策提案ができる。ビジネス部門とも長年の信頼関係の構築により、良好な協力関係が築けている。集計・可視化を中心としたデータ分析により、1 週間〜1 ヶ月スパンでの PDCA サイクルを構築できる（データサイエンスによる予測結果に基づく意思決定、例えばレコメンドを用いた AI モデルの施策への適用といった施策には未着手）。

　このフェーズに到達した組織であっても、機械学習を用いた予測モデルの構築のような高度な分析をするには技術力が足りていません。自社の人員だけでは実現できないこともあるため、分析の難易度によっては適宜外部のコンサルやベンダーをプロジェクトチームに招く必要があります。

「AI・データサイエンス」フェーズの到達目標

　4 章の AI・データサイエンスの応用が完了する頃は、表 0.5 のような状態だと想定されます。

目指す組織像：データサイエンスを中心としたデータに基づく議論ができ、AI モデルの実運用ができる組織

表 0.5：データサイエンス・AI フェーズが完了した組織の状態

ケイパビリティ	組織の状態
課題発見力	データサイエンスを用いた課題発見ができる。各種データのモニタリングやビッグデータからの要因分析といった対応が素早くできる。自社の全体最適化に必要な分析テーマを発見できる。
人材力	データサイエンスチームが設立されている。Python や R、また各種分析ツールを使いこなす人材が多数在籍している。データの民主化に向けて社内のデータ教育体制も確立できている。AI モデルを実業務へ適用するため、MLOps のような取り組みが可能な人材が揃っている。
データ力	全社横断のデータレイクやデータウェアハウスが構築されている状態。部門ごとにサイロ化していた全社のデータは統合され、データ基盤の活用により全社員が各種指標を閲覧できる。自社内のデータにとどまらず、グループ会社とのデータ連携も視野に入れ、一定の進捗がある。ビッグデータが活用できる。
施策実行力	データサイエンスチームの活躍により、売上予測や各種要因分析に基づいた意思決定ができる。データ分析に基づく PDCA サイクルが現場にも定着しており、MLOps に取り組みながら、自社で構築した AI 予測モデルを運用している。データを高度に用いた施策の立案ができる。

　10 ～ 15 年にもわたる各フェーズごとの取り組みを通じて、ビジネスにおいてデータを経営資源として高度に活用できる状態が整いました。この先はいよいよ他社との差別化を行い、継続的な競合優位性を獲得するための「自社ならではの DX の結実」について模索するフェーズとなり、画一的な正解はありません。一方で多くの企業は、DX プロジェクトの目標を、はじめからこの最後の差別化の状態を指すことが多いかもしれません。しかし、**フェーズごとに組織のケイパビリティの積み上げができていなければ、そのような議論を始めるべきではない**ことがわかるでしょうか。

フェーズにより異なる専門チーム

大城　信晃

本書は2章の「デジタル化」、3章の「データ分析」、4章の「データサイエンス・AI」のフェーズの順で解説を進めますが、それぞれで求められる能力・専門性はかなり異なります。本書のすべてのフェーズを実現するためには10〜15年もの年月が必要とも前述しました。フェーズごとに、主導する人材に求められる知識が変遷していくだろうことは想像しやすいと思います。つまり、本書を読むために求められる知識というのは、いま取り組んでいるフェーズで協業する人材、使用する／しないにかかわらず必要となるツールによって、広範にわたり、かつアップデートが必要ということです。表0.6に、各フェーズごとのミッションとそこで求められる知識をまとめます[6]。なお、本書の対象読者がこれらの専門性すべてを1人で習得することは現実的ではなく、協業するメンバーのスキルに求められるものが何かという観点でお読みください。

表 0.6　各フェーズごとの組織に求められるミッションとスキル

フェーズ	ミッション	求められるスキルの例
デジタル化	IT技術を用いて社内の業務の効率化に寄与し、デジタルデータの蓄積を支援する。	課題発見力、プログラミング力、社内調整力、ベンダー調整力、クラウドやBIツールなどの知識。
データ分析	蓄積されたデジタルデータを前処理によって分析可能な状態にし、ビジネス課題のヒアリング、データの集計・可視化を中心にビジネスの改善に役立てる。	課題発見力、データ集計力、データ可視化力、ビジネス仮説の構築力、施策への提案力。
AI・データサイエンス	データサイエンスの技術を用いてより高度なデータ分析やAIモデルの構築を行い、データの価値をさらに引き出す。	課題発見力、データサイエンス力、機械学習モデルの実装力、データの背景に関する深い理解、より高度なビジネス提案力。

---

[6] 本書では3章末のコラム「データ基盤の重要性」での紹介に留めますが、多くの場合「デジタル化」と「データ分析」フェーズの前後で「データエンジニアリングチーム」の組成が必要です。データで話す組織には欠かせない「データ」のケイパビリティを組織のものにするために必須の組織です。

「デジタル化」フェーズの専門チーム像

2章の「デジタル化」のフェーズでは、従来から続く働き方、多くの場合は紙を中心としたアナログ媒体を用いた働き方をデジタル技術で改善することに取り組みます。

そのためには「現状と課題の把握」および「デジタル技術による課題解決」が重要となります。具体的には会社の業務について知見があり、社内の関係各所と調整できるうえ、ITシステム系の技術を持つ社内SEのような人材が必要となります。このような専門性を持った人材が複数人いるとチームが機能します。

プログラミングのスキルがあれば、業務効率を改善する簡単なしくみを自身で開発・構築できます。大規模なシステム導入が必要となった場合に、外部のベンダーやコンサルタントの力を借りながら、課題解決のプロジェクトが推進できる人材であれば理想的です。

デジタル分野は日々新たな技術が登場しているため、新たなツールや技術に対する感度の高さも重要です[7]。例えばAWS（Amazon Web Services）、GCP（Google Cloud Platform）、Microsoft Azureといったクラウド基盤、TableauやPower BIなどのBIツール、SlackやChatworkなどのチャットコミュニケーションツールへの知見があり近年ではGitHub CopilotやChatGPTなどの生成AIツールなど、新しく登場するツールに対する興味やキャッチアップして検証するスキルも求められます。

「データ分析」フェーズの専門チーム像

3章の「データ分析」のフェーズでは、データの収集・集計・分析を行い、ビジネス施策への改善提案を行います。一言でこの領域の人材を表すことができないのですが、「データアナリストチーム」「DX推進チーム」

---

[7] 巻末の付録で参考書籍を紹介していますが、本書ではツールや技術に関して詳細に解説していません。関連する書籍は数多くあり、ご自身で必要とする資料や書籍を能動的に探す姿勢が求められます。

「データ分析チーム」「業務改善コンサルチーム」のような呼ばれ方をして、その役割を担っていることが多いかもしれません。

データ分析のフェーズでは、ビジネス環境をタイムリーに把握するために積極的にデータを活用する**攻めのデータ活用**のためのスキルが求められます。主にデータの集計や可視化技術を用いて**データに基づく意思決定**を支援します[8]。

具体的には、事業部門のような社内クライアントの課題のヒアリングからはじめ、合同プロジェクトを立ち上げます。会議進行におけるファシリテーションスキルも必要となり、各種ビジネスフレームワークを使いながら円滑な進行を目指します。また議論の末に立てた仮説や方針を念頭に、「データ可視化・分析」を通じてプロジェクトの意思決定を支援し、最終的には施策の打ち手を提案します。

技術知識としては、データを集計するためにデータベースからデータを抽出する SQL やデータ可視化のためのプログラミング言語（R や Python）、また BI ツールを操作できることが求められます。これ以外にも**ビジネス提案**スキルのように、前のフェーズの IT チームが持つ専門性とはまったく異なる能力・専門性が求められます（一般的にビジネス提案を行うには、そのドメインや業界に関する深い知識を持ち、かつ関係各所への事前の根回しを含む調整能力も必要です）。専門性の高い人材のため、外部からの獲得を検討するタイミングかもしれません。

「AI・データサイエンス」フェーズの専門チーム像

4章の「AI・データサイエンス」のフェーズでは、統計学や機械学習などの技術を用い、AI による業務の自動化や新たなインサイト発見による意思決定の支援がはじまります。

このフェーズではデータサイエンティストや AI エンジニアといった専門性の高い人材が必要です。例えば予測モデルを構築するには、ビジネ

---

[8] データ分析チームの立ち上げと拡大の成功事例として有名な大阪ガスの事例について書かれた書籍が参考になるでしょう。河本 薫 著「最強のデータ分析組織 なぜ大阪ガスは成功したのか」（日経 BP, 2017）

ス課題の把握、課題解決のアプローチ検討、データの収集、機械学習モデルの構築、精度改善、テスト運用、本格的な運用のためにAIエンジニアチームと連携、予測モデルの定期的なメンテナンスといったプロセスを経ることになります。これだけでも十分に専門性が求められることがわかるでしょう。統計や機械学習、ビッグデータ処理、数学の知識があり、最新の分析手法をキャッチアップする姿勢も求められます。また、最新手法に固執することなく、実際のビジネス課題に対して「どのような解き方が最適か」といった実現可能性を判断するバランス感覚を持ち合わせていなければなりません。

2章・3章の「デジタル化」「データ分析」のフェーズは、どの企業においても比較的わかりやすい取り組みですが、4章のフェーズ前後からは企業やプロジェクトの差別化を目指すことになるため、必ずしも最新の分析技術を適用した実績を作るようなデータサイエンスの高度化のみがゴールではありません。例えばワークマンのようにデータサイエンスに踏み込む前にExcelの全社展開、という全社ルール策定に舵を切る、という経営判断もありえます（もっとも、全社規模の改革を行うには経営陣やそれと同等の同志の理解と協力が必須となりますので、こちらの難易度も高いといえます）。

すべてのフェーズに共通して必要な人材

なお、ここまでは主に「技術者・分析者」をチームに迎え入れる観点で述べてきましたが、すべてのフェーズに必要な人材として、全体をとりまとめる**DXプロジェクトの責任者**が挙げられます。ひょっとしたら、本書を手に取ったみなさんは、このような役割の方が多いのかもしれません。

想定されるタスクとしては、まずは経営陣を説得し、DXプロジェクトのスタートを切るための予算の獲得が必要です。そのためにもプロジェクト全体の絵を描き、計画に落とし込んで、それらを**根気強く説明する場面**を主戦場とします。チームが組成できたら、育成・モチベートを行い、実際のビジネス課題を解くための各部門や現場との各種調整を行います。

また 3 年、5 年と経つと担当者や経営陣の入れ替わりも発生し得るため、これまで取り組んできたチームの DNA を残すべく過去の振り返りと次の 3～5 年に向けた計画の新メンバー・新経営陣への説明も必要となるでしょう。**DX プロジェクトの責任者とは「調整・雑務の何でも屋」**であることがわかっています。本書の 3 つのフェーズの取り組みを実行に移すには、5～15 年規模の時間とそれなりに大きな予算、人的リソース、場合によっては他部署の連携や社内評価基準の変更が必要です。ご自身を含め、最低 1 名は**会社全体の意思決定・調整が可能な人物**を DX プロジェクトに巻き込むことが推進するうえでの必須条件といえます。

　DX プロジェクトの責任者のポジションは、自社の叩き上げメンバーや次の世代の経営者が担うこともありますが、近年は CDO（Chief Digital Officer：最高デジタル責任者）として外部からヘッドハントして迎え入れるケースも増えてきました。もし自社内に適任な方が見当たらない場合は、暫定で担当者を選定し、その間に経験者採用を強化するのも手でしょう（本書でいうところの「人材」のケイパビリティの強化に該当します）。

目次

CONTENTS

第 1 章

データで話す
組織づくり

1

第 **2** 章

現状把握と
デジタル化

27

第 **3** 章

データ分析チームの組成

81

付録 **A**

分析テーマ集 199

付録 **B**

参考書籍・Web 資料 203

第 **1** 章

データで話す組織づくり

本章に取り組むメリット

大城　信晃

　本章では「データで話す組織」を作る意義やアプローチなどについて解説します。2 章以降を読み進めるうえで前提となる考え方ですので、ご一読されることをおすすめします。

　「データで話す組織」が目指す姿とは、既存業務の単なるデジタル化ではありません。中長期的な競合優位性を獲得するためのデータを軸とした活動ができるかどうかです。デジタル化からはじまり、データ分析やデータサイエンスに取り組み、他社との差別化を念頭に置き、そして当たり前のようにデータをもとにした会話ができるようになるには、多くの時間とリソースの投入が必要となるでしょう。まずはご自身の組織がこのような組織変革に取り組む環境があるのかを本章で確認し、2 章以降のケイパビリティを積み上げていってください。

　本章を読むことで得られるメリットを表 1.1 に示します。

表 1.1　本章の内容に取り組むことで得られるメリット

節名	メリット
1-1 一歩ずつデータ活用力を上げる長期スパンでの文化醸成	真のデータで話す組織を実現するには、ツールの導入だけでなくビジネスメリットの創出や文化の変革も必要。10 〜 15 年スパンの時間が必要なことがわかる。
1-2「データで話す組織」を追求する戦略的意義	不確実性への対処、持続的な競合優位性を確保するには、デジタル化、データ分析、データサイエンスという 3 つのフェーズがあり、その先にある独自性を確保するために「データで話す組織」を構築する意義があるとわかる。
1-3「データで話す組織」づくりのアプローチ	スピーディーなトップダウン方式、現場が様子を見ながら進めるボトムアップ方式の 2 つのアプローチがあることがわかる。
1-4 予算・リソースに応じたプロジェクトの進め方	自社の予算と人員リソースの現状に合わせたプロジェクトの進め方がわかる。
1-5 データ活用による価値創出と継続の重要性	企業のデータ分析では分析して終わりではなく、売上向上をはじめとした価値創出への寄与が重要であり、継続的な取り組みが大切であることがわかる。

一歩ずつデータ活用力を上げる長期スパンでの文化醸成

落合　桂一

キーワード　データ活用のステップ、企業文化

はじめにや本章の他節でも述べているように「データで話す組織」を作るためには、少なくとも 10 〜 15 年が必要になると筆者らは考えています。本節ではなぜそのように長期間の取り組みが必要になるのかを解説します。

データ活用は一朝一夕ではできない

　経済産業省経済産業政策局が公開している「Society5.0 データ利活用のポイント集」[*1]に、データ利活用について、以下のような説明が記載されています（太字は筆者による）。

　データ利活用とは、経営上の課題を解決する 1 つの手段である。
　（中略）
　*そのため、経営者には、実務者が実際に利活用を進めるにあたって**目的の明確化**を行うことが求められる。*
　（中略）
　*また、データ利活用は、試行的な要素が強いため、短期では成果が出ないことがある。この点も十分理解した上で、組織的な能力の底上げを図る「人的資源、物的設備、資金」の確保や将来性を見込んだ「成長基盤としての評価」等による**環境の支援**によって実務者の後押しを行うことも経営者の重要な役割である。*

　何のためにデータを活用するのか目的を明確にすることは、データ分析プロジェクトにおいて最初に考えるべき最重要事項ですが、どのような目的であればデータを分析することで効果的に解決できるのかは経験

[*1]　経済産業省「Society5.0 データ利活用のポイント集」：https://www.meti.go.jp/policy/economy/chizai/chiteki/pdf/datapoint.pdf

3

やノウハウが必要になります。ビジネスにデータを活用しようと考え、まずはデータ分析ツールや最新の AI を導入することから始めることがあるかもしれません。しかし、データでどのような課題を解決すべきか見極められなければ、分析ツールは役に立ちませんし、そもそもデータが蓄積されていなければ、そのようなツールを活用することもできません。そのため、デジタル化から始めて、小さな成功を積み重ね一歩ずつデータ活用力を向上させることが重要になります。

　また、引用した文章に記載されているように、データ分析は探索的な側面があるため、仮説を立て、データで検証する方法を考え、実際に検証し、仮説の妥当性を判断して次のアクションを決めるという PDCA サイクルをどんどん回していくことになります。ソフトウェア開発のモデルで例えると、すべての機能について要件定義、設計、実装、テストを順番に進めていくウォーターフォールでの開発ではなく、機能単位に小さく開発サイクルを回していくアジャイル開発のような流れになります。

企業文化としてデータ活用が定着するまで

　読者のみなさんも想像に難くないと思いますが、データ分析に限らず新しい取り組みが企業文化として組織に根付くには時間がかかります。組織心理学のエドガー H. シャインは、組織文化について「組織文化とリーダーシップ」*2 で以下の3段階の文化レベルを提唱しています。

- （レベル1）　文物
- （レベル2）　価値観
- （レベル3）　仮定（基本的前提）

　1つめの文物は、目に見える表面的なレベルのこと、2つめの価値観は、目に見えるものの背後にある考え方や目標としていること、3つめの仮定（基本的前提）はその企業にいれば当たり前で疑うことがなくなってしまっている考え方のことです。これをデータ分析の文脈で考えると、アナログなデータをデジタル化したり、データ分析ツールを導入したりする取り組みは目に見えることですので、レベル1に相当します。次に、何のためにデータを活用するのか、データを活用することでどのようなメリットが考えられるのかというのは、考え方や目標のことですのでレベル2に相当します。データ活用で成果が出始めると社員の多くがデータを活用することはメリットがあると考えるようになるでしょう。しかし、文化として定着するにはレベル3まで到達する必要があります。そのためには、データを活用して意思決定することが当たり前という雰囲気が社内に浸透する必要があり、ある程度長期でそのような文化を作っていかなければいけません。例えば、本章末のコラムで紹介するワークマンの事例では、2012年からデータ活用に着手し、Excelを使ったデータ活用が浸透するまで5～10年の年月がかかっています。このように、データ活用が企業文化として根付くには時間がかかることを念頭にデジタル化から取り組んでいきましょう。

---

*2　「組織文化とリーダーシップ」（エドガー・H. シャイン著, 白桃書房, 2012）

「データで話す組織」を 追求する戦略的意義

宮田　和三郎

キーワード　VUCA、競争優位性、VRIO 分析

はじめにで述べたように「データで話す組織」を作るためには、少なくとも 10 〜 15 年が必要になると筆者らは考えています。なぜこれだけの長い時間をかけて高額な投資を行い、メンバーのストレスを強いることになる組織の変革を行う必要があるのでしょうか？　前節で述べた意思決定のスピードと確度を向上させる他、業務効率化や属人化からの脱却というメリットもありますが、本節では、企業存続のための戦略という観点から考えます。

生存戦略としての組織変革

VUCA[*3] という言葉で表されるように、世の中の変化は激しく、未来を見通せない時代を我々は過ごしています。このような不確実性の高い社会においても、企業はよりよいサービスや製品を提供し、競争に勝ち続け、成長していく必要があります。競争がなく成長も変革も求められていない組織においては、「データで話す組織」を目指す必要はないのかもしれません。

競争にさらされている組織は、どのようにして競合他社と差別化をはかり、競争優位性を保つのでしょうか。自社の経営資源やケイパビリティにより競争優位性を評価するためのフレームワークである **VRIO 分析**を用いて考えてみましょう。

VRIO 分析は自社が持つ資源に対して、以下の 4 つの観点よりチェックを行い、競争優位度をはかります。

[*3]　Volatility（変動性）、Uncertainty（不確実性）、Complexity（複雑性）、Ambiguity（曖昧性）の頭文字をとって VUCA と呼ばれます。

Memo
価値（Value）があるか？
希少性（Rarity）があるか？
模倣（Inimitability）困難か？
組織（Organization）として取り組む体制があるか？

　一般的な組織の資源には「設備」や「知的財産」などが考えられますが、本書では「システム」や「データ」「データ分析人材」「データリテラシー」を資源として考えます。これらの資源について、価値（Value）があるか？など上記の4つの質問を行い、自社が競争においてどのような優位性があるか探っていきます。図1.1において、VRIO分析によるフローを示します。

　例えば本書の2章では、デジタル化による業務効率化を目指します。デジタル化自体は企業にとって大いに価値があります。しかし、希少か？簡単に真似されないか？　という観点で見るとおそらくそうではないでしょう。手作業で行っている業務のシステム化は、規模感や複雑性にもよりますが、ある程度コストと時間をかければ実現できるからです。

　3章のデータ分析チームの組成や4章の高度なデータ分析が実現できたとしたら、どうでしょうか？　おそらくここまでくると希少性も高く「一時的に競争優位」であるといえそうです。ただし、あくまでも分析チームが有効に機能している場合です。

　そのうえで、組織全体として、データという資源を最大限に使いこなし、データで話す文化が定着し、自社で独自の応用を行っている状況こそ、持続的かつ競争優位な状況であり、組織の資源を最大限に活かしているといえるでしょう。データを活用することを組織全体の文化として取り入れ、その土台の上に真の競争優位を築くことに意義があります。

1
データで話す組織づくり

図 1.1　VRIO 分析 [4]

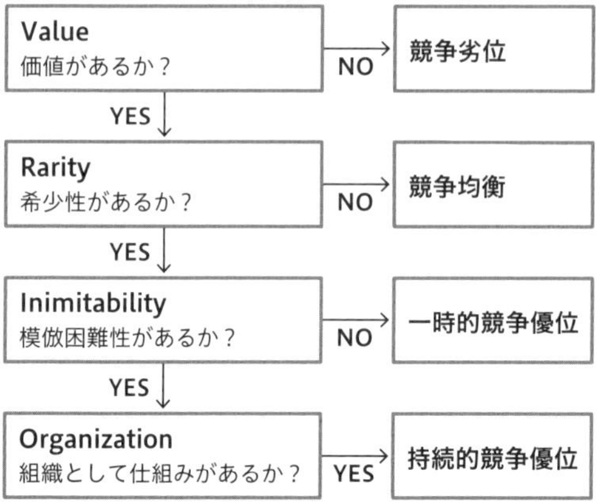

```
┌─────────────────────────┐          ┌─────────────┐
│ Value                   │   NO     │ 競争劣位    │
│ 価値があるか?           │ ────────→│             │
└─────────────────────────┘          └─────────────┘
          │ YES
          ↓
┌─────────────────────────┐          ┌─────────────┐
│ Rarity                  │   NO     │ 競争均衡    │
│ 希少性があるか?         │ ────────→│             │
└─────────────────────────┘          └─────────────┘
          │ YES
          ↓
┌─────────────────────────┐          ┌─────────────┐
│ Inimitability           │   NO     │ 一時的競争優位 │
│ 模倣困難性があるか?     │ ────────→│             │
└─────────────────────────┘          └─────────────┘
          │ YES
          ↓
┌─────────────────────────┐          ┌─────────────┐
│ Organization            │   YES    │ 持続的競争優位 │
│ 組織として仕組みがあるか?│ ────────→│             │
└─────────────────────────┘          └─────────────┘
```

---

[4]　ジェイ・B・バーニー「企業戦略論【上】」p272 を参考に筆者が作成。

「データで話す組織」づくりのアプローチ

1-3

宮田　和三郎

キーワード 経営陣の関与、トップダウン、ボトムアップ、CIO、CDO

「データで話す組織」を目指すためには、トップダウン型とボトムアップ型の2つのアプローチがあり、それぞれにメリットとデメリットが存在します。本節では、2つのアプローチ方法について解説します。

2つのアプローチ

　「データで話す組織」に向けたアプローチは、経営陣の関心によって大きく2つのパターンに分かれます。ビジネスにおけるデータ活用の権威であるトーマス・H・ダベンポート氏は、分析力を武器にするまでのロードマップを5つのステージで定義しました（図1.2参照）。スタート時点の①と経営陣のコミットメントを得た④⑤は1つのルートですが、④に至るまでには③初めから経営陣のコミットメントを得るファスト・パス（トップダウン）と一度②経営陣の様子見を経由するスロー・パス（ボトムアップ）の2つのパスがあるとし、それぞれ異なるアプローチが必要であることを示しました。スロー・パス（ボトムアップ）を経由した場合、最終的には経営陣の関心を得ることができず、発展できないまま終わってしまう可能性があることも示唆されています。

　最終的に「データで話す組織」を作るためには、経営陣のコミットメントは不可欠です。本節では、はじめから計画的に予算やリソースを活用できるファスト・パス経由のトップダウン型と現場での成功を積み上げ、経営の関心を引いていくボトムアップ型、それぞれのアプローチについて説明します。

図 1.2　分析力を武器にするまでのロードマップ *5

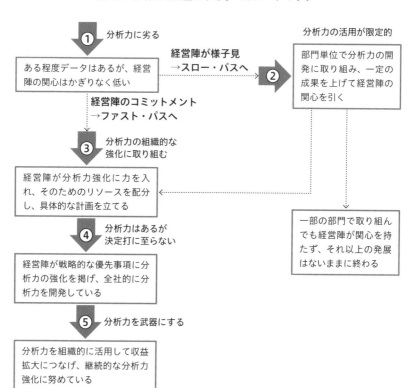

トップダウン型アプローチ

　経営者が方針を決め、指示を出し、プロジェクトを進めていくアプローチです。成功例としては、本書のコラムで紹介しているワークマンの他、九州のホームセンター「グッデイ」が挙げられます。経営トップである社長が自らシステムやデータを使い、組織全体にデータ分析の文化を根

---

*5　トーマス・H・ダベンポート、ジェーン・G・ハリス「分析力を武器とする企業」p178 の図を参考に筆者が作成。

付かせました[6]。

　担当役員が IT やデータに明るく、自ら使いこなしているようなケースが理想ですが、そうでない場合は、業務のデジタル化をスキップして、いきなり高度な AI を使ったプロジェクトに取り組むなど間違った方向に進む可能性があります。業務のデジタル化に関しては CIO（Chief Information Officer）や CDO（Chief Digital Officer）といった専門の役員を設置することが望ましいです。

　全社的に「データで話す組織」を作ることを宣言し、戦略を立て、必要な予算とリソースを確保し、組織変革を行なっていきます。スタート時点から全社で使用するデータ基盤の構築を検討できるなど、全組織横断型の全社プロジェクトを立ち上げることが可能です。

ボトムアップ型アプローチ

　特定の部門主導で活動を行い、小さな成功体験を積み上げて徐々に全社展開を行なっていくアプローチです。一般的にはトップダウン型と比較して、活動のための予算やリソースが不足しており、全社の取り組みに広がるまでに時間がかかります。しかし、1つの部門だけで完結するため、手軽に始めることができます。部門責任者を除けば、経営陣の意向に忖度する必要もなく、現場のニーズを取り入れやすいという利点もあります。成功事例が積み上がったタイミングで成果を報告し、全社戦略に組み込むように経営陣へ働きかけます。

　本書ではトップダウン型で進める場合においても、スモールスタートで始めることをおすすめします。大型のプロジェクトでは、成果が出るまでに時間がかかり、また、変更が発生した場合のコストや失敗した場合のリスクが高いためです。スモールスタートについては、3章の冒頭で説明します。

---

[6] 「九州のホームセンター「グッデイ」が国内有数の DX 企業に生まれ変われたワケ」
https://diamond.jp/articles/-/297799

予算・リソースに応じた プロジェクトの進め方

伊藤　徹郎

> **キーワード** ▶ 予算、リソース

プロジェクトを動かすにあたって予算とリソースは不可欠です。豊富な予算とリソースがあれば複数プロジェクトを進めて学習のサイクルが回ります。不足しているならベンダーの協力を仰ぎ社内発信をしましょう。少ない予算とリソースしか見込めないのであれば小規模プロジェクトでその価値を証明し、新卒採用を活用して成長戦略を検討しましょう。

予算と人員リソースの松竹梅

　プロジェクトを始める際に注意しなければならないことは、費用や労力といったコストがかかるという事実です。業務効率化を念頭にテクノロジーの恩恵を受けるためにはさまざまなツールを利用することになります。例えば、クラウドサービスは手軽に利用できるようになりましたが、使用するデータ量によって費用がかかりますし、開発や保守を行う人員リソースを工面する必要があることはおわかりいただけるでしょう。導入して終わりではなく、データ活用そのものを行うためのリソースが必要なことも明らかです。

　ここで、企業における予算とリソースのパターンを考えてみましょう（図1.3）。

図 1.3　予算と人員リソースのパターン
（破線で示す矢印は、予算の獲得を優先してからリソースを増やす戦略を表す）

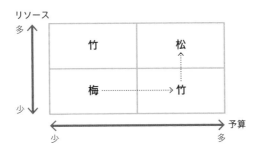

まずは、予算もリソースも潤沢にある松の状況を考えます。これは大変恵まれた状況です。予算を勝ち取っていることから、経営層の信頼を得ているでしょうし、データを分析するリソースも潤沢なので、さまざまなプロジェクトを並行して稼働させたり、R&D（Research and Development；研究開発）のように不確実性の高いプロジェクトにもチャレンジすることが可能です。データ分析プロジェクトにとどまらず、一般的なプロジェクトの成功確率はそこまで高いものではありません。そのため、潤沢な予算とリソースがある場合は、複数のプロジェクトを走らせ、その中の1つか2つを成功させることを考えるとよいでしょう。また、失敗から得られることも非常に多く、次の試行の参考値が得られるため、学習のためのコストを多くかけられるという意味でもとても充実した環境といえます。

次に、予算もしくはリソースが潤沢にあるが、どちらかが不足している場合です。これを竹とします。まず、予算が確保できていれば、外部のベンダーやコンサルタントなどに相談し、プロジェクトをスタートさせることを検討してもよいでしょう。継続的に協調していく体制を作っていくことになります。

一方、予算が潤沢にあるわけではないが、人員リソースが多いケースです。近年は大学でデータ分析を授業で教えているので、こうした企業が増えてくるかもしれません。このような状況であれば、ボトムアップに価値を発揮できる施策を探し出し、それを社内で発信しつつ信頼関係

を作っていきましょう。その中で芽が出るものがあれば、さらに予算を
獲得し、松の状態を目指します。

　最後は梅のケースです。基本的に多くの企業はここからのスタートと
なります。この場合はどのような登り方をするかは戦略的に考えましょ
う。まずは小さく価値を発揮できるプロジェクトを作り、予算の獲得を
優先的に進めるのがよいと考えています。価値を継続的に発揮する前に
リソースを潤沢にしてしまっても、そこから得られるリターンが少なけ
れば、組織変更の見直しなどのタイミングで解散となってしまうリスク
もあるからです。リソースから集めることを考える場合は、新卒採用に
強く、感度の高い若者が多く入社してくる企業であれば、継続的な価値
創造に至る可能性があるかもしれませんので、自社の採用戦略とともに
登り方を検討するとよいでしょう。

予算を獲得してから、
リソースを増やす。

データ活用による価値創出と継続の重要性

伊藤　徹郎

キーワード ▶ 価値創出、継続性

データ活用はビジネス価値を生むためにあります。本節では、売上向上や業務の効率化といった主な価値創出の方法を提示した後、データ活用には適切な施策の効果を得る目的や組織の文化を作るためにも継続的な活動が求められることを解説します。組織内でデータを身近なものにしていく実践についても紹介します。

データ活用による価値の創出

　データ活用には、意思決定の支援をはじめとしたビジネス価値の創出が求められます。なぜならば、それが営利企業が存在する目的であるためです。しかし、単にデータ分析の結果を知りたいだけで、新しいアルゴリズムを試したいだけのプロジェクトは非常に多いです。データ活用によって期待される価値を検証し、検証から導き出された仮説をもってビジネスにつなげるような PoC（Proof of Concept；概念実証）が理想的ですが、検証された価値をビジネスに転嫁していくノウハウは簡単なものではありません。多くの PoC が検証段階でストップし、コストのみを支払うゆえに PoC 貧乏と呼ばれることもあります。

　価値創出の方法として、最もわかりやすいのが、売上を伸ばすことでしょう。例えば、推薦アルゴリズムを適用し、顧客へさまざまな商品を推薦したり、メールでオススメしたりする施策で売上増をねらうことは、多くの企業で取り入れられています[*7]。このように、価値をそのまま売上に直結できるケースは限られ、間接的な貢献によって価値を作ることも一般的です。例えば、営業やマーケティングなどを担当するチームに対して、データを利用した施策の効果を検証し、改善を提案するような活動です。ここでは、サポートを得たマーケティング施策や営業施策の実

[*7]　本書の4章のフェーズを完了した組織が取り組むべき施策の1つです。

行による売上獲得で、価値貢献につながるといえます。組織内の信頼獲
得にもつながります。

　また、業務フローの効率化やコストの削減をデータ活用によって実現
するような施策も価値に貢献できます。ルートセールスの巡回問題を数
学的に解き、最適な配送ルートや回り方を提案し、実行するような事例
が挙げられます[*8]。この場合、不用意にコストをかけて配送せずに済むた
め、費用削減側に間接的な貢献をすることができます。

　企業のようにさまざまな人が集まれば、マネジメントや組織運営にか
かるコストを払わなければなりません。このとき定期的に従業員に仕事
の状態はどうかや上司との関係性はどうかなどを調査し、組織の状態を
定量的に示すことができると、効果的なマネジメントにつながります。
マネジメントには必要最小限のコストのみを払い、余力となったリソー
スをさらに事業貢献に必要な活動に移すことができれば、こちらも価値
貢献が可能です。

データで話す組織には継続性が必要

　データ活用による価値貢献には、一時的ではなく継続的なものが求め

[*8]　こちらも本書の 4 章のフェーズを完了し、競合との差別化を図るための施策の 1 つです。

られます。時間とともに我々の状況はさまざまに変化し、顧客の性質、外部環境といった変化を施策の効果として捉える意味でも継続的なデータ活用が必要です。継続的なデータ活用が行われなければ、過去の知見やデータのまま意思決定がなされ実態との乖離が広がり、さまざまな悪影響が出てくることは明らかです。また、分析チームのメンバーがデータを見ながら顧客や環境の変化をもとに議論できていれば、データで話す組織としての土台はできあがっていると考えてもよいでしょうが、データを普段扱わないチームのメンバーを巻き込んでそのような議論を継続することの難しさは容易に想像できるでしょう。データの必要性を感じない方の多くはデータを見なくとも、自分の仕事をこれまでと同様にこなすことができるからです。しかし、「施策の効果を大きくしたい」「業務を効率化したい」といったデータ活用の価値を享受したいときに闇雲に行われるビジネスは愚策であることがわかるでしょう。お互いの利害を一致させ、正しく協力し合い、継続的な取り組みにしていくことが何よりも重要です。

データを価値に転換する実践

　データを価値に転換する実践としておすすめしたいのは部門の定例ミーティングなどの時間に、KPI（Key Performance Indicator：重要業績評価指標）やKGI（Key Goal Indicator：重要目標達成指標）のようなデータを確認できるダッシュボードを作り、それを全員で見る時間を設けることです。普段からデータを扱うことに感度の高いメンバーでなければ、データとの接触頻度が減ってしまうと、なかなかデータに意識が向かなくなってしまいます。習慣的な業務として確実にデータを見る時間を設けて、その解釈や傾向を議論しましょう。営業やマーケティングのメンバーであれば、売上をKPIとして設定していることも多いと思いますので、そうした売上とそれに準ずる各種のデータの傾向を示しておくとより興味をひくきっかけにもなるでしょう。コストの削減といった施策においても同様です。情報共有の場でデータを確認する時間を設けられれば、継続的にデータを活用し、価値に転換し続ける文化の醸成につながります。

タクシー業界でのデジタル化とデータ分析技術の活用

落合　桂一

　ひとむかし前は、タクシーを呼ぶにはタクシー会社に電話し乗車場所を伝えていましたが、近年はスマホアプリでタクシー配車を行うサービスが普及してきています。本書で紹介するデジタル化やデータ分析を体現している例として、サービスの裏側でどのように活用されているのか紹介します。

タクシー配車のしくみとデジタル化

　タクシー配車には、ユーザーがいつ、どこでタクシーに乗りたいかという情報（ユーザーの位置情報）と、そのときのタクシーがどこでどんな状態（空車かどうか）かという情報（つまり、タクシーの位置情報と状態）が必要になります。そして、これらの情報から最適なタクシーを選び、配車します。ですので、ユーザーの位置情報とタクシーの位置情報・状態をデジタル化されたデータとして扱うことができれば、タクシー配車を効率的に実施できることになります。

　アナログ無線からデジタル無線に置き換わるとともに、タクシーにGPSを取り付けることでタクシーの運行状態を管理するシステムが普及していきました。タクシーを利用したいユーザーが電話で配車を依頼すると、オペレーターが各タクシーの位置や実車／空車の状態を見て、どのタクシーを配車するか決定します。アナログ無線の時代には運行状態がデジタル化されていませんでしたが、運行管理システムの登場によりタクシーの位置や状態がデジタル化され配車が効率化されました。

　さらに、ここ数年はスマホアプリからタクシー配車を行うユーザーが増えてきています。スマホのGPS機能を使うことでユーザーの位置がわかり、その場所までタクシーを配車することができます。以前はユーザーがオペレーターに乗車したい場所を口頭で説明していた部分が、スマホ

の GPS でデジタル化されています。このようにユーザーとタクシーの位置情報をデジタル化することで業務効率化が行われています。また、いつ、どこで、だれが、どこまでタクシーに乗ったのかというデータがデジタルデータとして記録されることになるので、データ活用が期待されます。

タクシーの配車はデータのデジタル化によって効率化された

蓄積した配車データの分析と活用

ユーザーが乗車した位置情報は、ユーザーがタクシーに乗りたいと思っている場所なのでタクシー乗車の需要を表していると考えることができます。この需要のデータを蓄積して、分析することで業務改善を行うことはできないでしょうか。

図 1.4 に需要データのイメージを示します。データは、どのユーザーが乗ったのかを表すユーザー ID と乗車日時、曜日、位置（緯度、経度）と

いう項目で構成されます。このようなデータがあったときに、いくつかの集計方法が考えられます。例えば、位置情報をもとにエリアを区切り、エリアごとにデータ数をカウントすれば何曜日の何時台の乗車が多いのかがわかるでしょう。また、図1.5のように、集計結果を地図上で可視化すれば、エリアごとに需要が多い時間帯を比較できます。集計や可視化によって、需要の多いエリアを把握すれば、いわゆる流しのタクシーでどのエリアを周回するのかの意思決定に活用できます。このような分析は、タクシーの乗車位置を紙に記録していてはできず、需要のデータがデジタルデータとして記録されることで初めて実施できます。

図1.4　蓄積された需要（乗車位置）のデータのイメージ

乗車位置のデータ

ユーザー ID	日時	曜日	緯度	経度
00001	XX/XX XX:XX	金曜	35.69341	139.7356
00002	XX/XX XX:XX	金曜	35.69325	139.73462
00003	XX/XX XX:XX	土曜	35.6915	139.73573

データ活用の効果検証

　データに基づいて何らかの意思決定や施策を行ったら、本当に効果があったのか定量的な効果検証を行います。流しタクシーの例でいえば、時間あたりの乗車数や空車時間などが指標として使えそうです。これらの指標が、何らかの意思決定や施策の前後でどのように変化したのか、データを取ることで、その意思決定や施策の良し悪しを判断します。厳密には、前後比較だけでは、タクシー需要が全体的に増加している場合に施策の効果を正しく判断できないので、より精緻な効果検証の設計（A/Bテストや因果推論など）が必要になります。このあたりは、本書の著者陣が執筆した「AI・データ分析プロジェクトのすべて」の「第8章 分析結果の評価と改善」の章が参考になります。定量的な効果検証の結果、時間

あたりの乗車数が増加したり空車時間が減っていたりすれば、実施した施策は効果があったといえるでしょう。このようにデータに基づいて施策を決定し、データに基づいて有効性を判断していくことを着実に実施していけるのがデータで話す組織です。

図1.5　時間帯別の需要の可視化

さらなるデータ活用をめざして

　ここまで、タクシー需要をエリアや時間帯、曜日で集計、可視化することでデータを活用できるという話をしましたが、実際のタクシーの需要は天気や季節、イベントの有無などによって大きく変わるでしょう。また、タクシーに乗りたいユーザーとタクシーのマッチングは、一番近い空車のタクシーを割り当てればよさそうですが、車線の問題ですぐにUターンできない場合があるなど一番近いというだけではうまくいかない場合もあります。

　タクシーアプリ「GO」を手がける Mobility Technologies では、タクシーアプリサービスで蓄積したデータを活用して新たなサービスを作ったり、機能の改善や研究開発を行ったりしており、取り組みをブログ（https://lab.mo-t.com/blog/tag/techtalk）で紹介しています。新サービスへの活用

例では、タクシー乗務員向けにタクシーに乗りたいユーザーがいる場所を予測する「お客様探索ナビ」というサービスがあります。お客様探索ナビでは、蓄積したデータをもとに道路単位で需要を予測し、おすすめの走行ルートを提示することで新人乗務員でも見つけやすくなることが期待できます。研究開発では、オリンピックなどのイベントやCOVID-19による需要の急変に対応できるタクシー走行経路のシミュレーションの研究[9]などが行われています。

　このように、本業で蓄積したデータをもとに新サービスの創出や新技術の研究開発を行い、それがまたビジネスや技術を生み出す源泉になるという循環がデータ活用のゴールの1つといえるでしょう。

---

[9] Takuma Oda. "Equilibrium Inverse Reinforcement Learning for Ride-hailing Vehicle Network." Proceedings of the Web Conference 2021.

ワークマンでのデータ活用の軌跡

落合　桂一

　全社員が Excel でデータ分析することで 10 年で業績を 2.6 倍 [10] にした ワークマンの「エクセル経営」。店舗にある商品の在庫数すらデータ化され ていなかったワークマンがデータによる意思決定、さらには AI の活用 を行うまでにどのような取り組みがあったのかご紹介します。

データ活用のはじまり

　2012 年 4 月、専務として土屋哲雄氏（以下、土屋氏）がワークマンに 入社したところからワークマンのデータ活用は始まります。当時のワー クマンは、決算に必要なデータ以外はデータがないような状態で、店舗 にある商品の在庫数さえデータになっていなかったといいます [11]。在庫の 把握方法はアナログで、本部の社員が加盟店を巡回して商品がいくつあ るか目視で数えるという方法でした。土屋氏は 2012 年 6 月の株主総会で 常務取締役、情報システム部・ロジスティクス部担当となり、その後、 入社から 2 年間で需要予測や発注業務、店舗での検品作業を効率化する システムを構築しました [12]。これにより業務がデジタル化され、データ活 用の素地ができたといえます。

エクセル経営

　業務がデジタル化され、データが蓄積されるようになると、次に取り組 まれたのは社員のデータ活用教育です。全社員が Excel を使ってデータを

---

[10]　土屋 哲雄 著「売り上げ 2.6 倍で業績過去最高！ワークマン式エクセル」（日経 BP 社 , 2022）

[11]　「ワークマンを支える「Excel 経営」とは？土屋専務に聞く」
　　　https://www.ntt.com/bizon/excel-management.html

[12]　月刊ロジスティクスビジネス 2013 年 11 号 , ライノス・パブリケーションズ

分析できるように研修を実施しています。その一部が土屋氏の著書[10]で紹介されています。まずは、オートフィルやピボットテーブル、グラフの作り方など基本操作的な Excel の使い方、次に、SUM や COUNT、VLOOKUP などの基本的な関数の使い方を習得します。その後、ワークマンツールと呼ばれる実務に即した応用ツールを学びます。ワークマンツールの例としては、売上の増加への影響を商品カテゴリごとに見ることができる「寄与度分析」、他の店舗の売れ筋商品でその店舗にはない商品がわかる「機会損失発見ツール」などがあります。機会損失発見ツールは他店舗の売れ筋を表示するため、高度な統計分析は必要なく集計だけでできるという点が特徴的です。このようにデータの集計や可視化を行い、立場や役職に関係なくデータという事実に基づいた議論を行い、意思決定することが「エクセル経営」です。

リアル店舗での A/B テスト

　ここで、データに基づく意思決定を重要視している姿勢が垣間見れる事例を紹介します。IT 系の企業では、サービスの機能や広告のデザインの良し悪しを評価するため A/B テストと呼ばれる評価を行います。A/B テストは、ユーザーをランダムに A パターンと B パターンの機能やデザインに割り当てて利用してもらい、何らかの指標で機能やデザインの良し悪しを定量化する評価方法です。例えば、広告で一部のデザインだけを変えたパターンを用意し、それぞれのクリック率を比較することで、よりクリックされる広告のデザインを知ることができます。ウェブサービスやウェブ広告では、機能やデザインを変更したパターンを複数用意しても追加のコストがあまりかからないことや、パターンを切り替えることが容易であることなどから A/B テストがよく使われています。しかしながら、実世界で A/B テストを行おうとすると実物を複数作る必要がありコストがかかるため、A/B テストを実施するハードルは高くなります。

　ワークマンでは「ワークマンプラス」という新しい業態の店舗を出店するにあたり、同時期に 2 つの店舗を出店することで、リアル店舗で A/

Bテストを行なっています[13]。2018年11月8日に川崎市多摩区の府中街道沿いに川崎中野島店を出店し、2018年11月22日には、埼玉県富士見市の大型ショッピング施設ららぽーと富士見に出店しました。前者は路面店、後者は大型ショッピング施設の中の小型店と形態が異なり、両者の差を見ることで、より有効な出店戦略や店舗における品揃えの戦略を立てています。

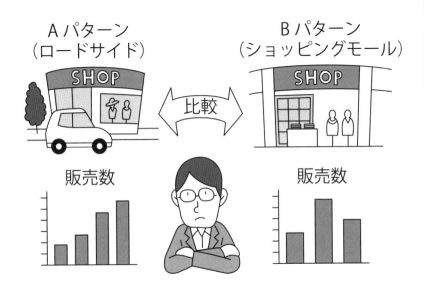

データ活用の進化

　需要予測は一人ひとりの担当者がExcelを使って行なっていましたが、属人的になるという課題がありました。また、より高度な分析を行おうとするとExcelでは時間がかかってしまうという課題もありました。そこで、Pythonというプログラミング言語を使い処理を自動化したり、AIの活用を行ったり、データ活用を進化させる取り組みが進められていま

---

[13]　日経クロストレンド 2019年3月14日配信記事より

す。需要予測については、クラウドサービスである AWS（Amazon Web Services）の QuickSight という機能を使い、AI による需要予測を行っています。AI を導入することで、需要予測に基づいて発注する作業の時間を短縮できたと報告されています[*14]。今後は画像認識、自然言語処理も視野に入れているとのことで、10 年前にはデータがない状況から、現在では AI 活用を行う企業になっており、今後の進化にも注目です。

[*14]　ダイヤモンド・オンライン 2022 年 11 月 30 日配信記事より

第 **2** 章

現状把握とデジタル化

本章に取り組むメリット

大城　信晃

本章に取り組む前の状態

　「はじめに」からの再掲となりますが、デジタル化に取り組む前の組織の状況とケイパビリティを示します（表 2.1）。

　組織の状況：アナログな業務フローを中心とした、旧来のビジネススタイル。紙が中心で FAX も現役

表 2.1　デジタル化に着手する以前の組織の状態

ケイパビリティ	組織の状態
課題発見力	前例踏襲が基本。過去の経験や体感に基づく意思決定のため、前例のない問題に対してはどのように進めればいいかわからない。
人材力	IT の専門部隊もデータ分析の専門部隊も組織されていない。
データ力	アンケートや注文書をはじめ、多くのデータが紙で保持されており、すぐに参照できない。
施策力	あらかじめ計画していた施策は実行できるものの、デジタル技術を用いた新施策や、1 週間〜 1 ヶ月の短期スパンで PDCA サイクルを高速に回す取り組みは困難。

　デジタル化に取り組む前の組織では、以下のような会話が繰り広げられているかもしれません。

上長

先ほど社長から急ぎの依頼がありました。この商品の全国の支店別売上について知りたいのですが、3 日後の会議までにまとめてもらえませんか。特定の地域だけ売上が急増しているかもしれません。

本部管轄エリアならすぐデータを収集できますが、全国の支店について
はデータベースが一元化されていないので個別に確認が必要ですね。メー
ルやチャットも整備されていないので、これから電話や FAX で各支店に
依頼してみますが、1 〜 2 週間はかかるかもしれません。急な話ですし
……。

担当者

やはりデータ収集に時間がかかりますね。社長にはひとまず 3 日後の報
告では本部のみ、追って全国の支店のデータを共有することで調整して
みるので、なるはやでお願いします。我々の状況では意思決定のスピー
ドが落ちるのはやむを得ないか……。

上長

分かりました。各支店にはなるはやで返事をもらいます。だいたいレス
ポンスの悪い支店の検討もついていますし、気合いでなんとかしますね！

担当者

本章で目指す組織像

　本章で解説する「現状把握」からはじめ、「デジタル化」というステッ
プを踏んで、3 章で解説するデータ分析を行う組織を構築するのが鉄則で
す。まずは、以下のような状況を解決することを目指します。

　「デジタル化を進めたいが、そもそもどこから手をつけたらいいかわか
らない」「どこまでデジタル化を進めればいいのかわからない」「デジタル
化の先にあるデータ活用についてまったく想像がつかない」　本章以降
では、組織のフェーズを次の段階に移行させるためのケイパビリティ獲
得のためのノウハウやヒントについて解説していきます。表 2.2 にこの
フェーズを完了した組織の姿と、そのために必要となるケイパビリティ
を挙げます。

　**目指す組織像：アナログ業務のデジタル化が完了し、データに基づく
議論ができる組織**

表 2.2 デジタル化フェーズが完了した組織の状態

ケイパビリティ	組織の状態
課題発見力	デジタル化の技術により効率化の余地がある業務を発見できる（ただし、データ分析やデータサイエンスの観点はまだない）。
人材力	IT・デジタル化の専門チームがある（ただし、データ分析チームはまだない）。
データ力	部署単位でのデジタルデータはほぼ整っている（ただし、データ分析基盤は構築前）
施策力	IT 技術の活用を軸としたデジタル化に関する施策立案・実行ができる。

　なお、企業の規模が大きく、かつ IT 導入が進んでいない組織ほどこのフェーズは時間がかかります。本章の内容は早くても 3 ～ 5 年をかけて積み上げていくことになります。

「デジタル化」へのアプローチ

　本章で扱う「デジタル化」だけでなく「データ分析」においても、課題を把握せずにいきなりツール導入を行ったり、とりあえず手元にあるデータで統計解析を行うなどの施策に着手することは失敗例の典型です。あくまでも「デジタル化」や「データ分析」は課題を解決するための手段と考え、課題の解決を目的とすべきでしょう。

　では、どのように課題を把握するのでしょうか。いくつかのアプローチが考えられますが、現状の社内業務からボトルネックを洗い出し、それを課題とすることが1つです。このアプローチをとるためには、社内業務の把握を行い、その次のステップ、または同じタイミングで課題の把握を行う必要があります。この順番を誤ると、適切な課題を把握できない可能性があるため注意してください。同様に「データの把握」についても考えてみます。いきなりどのようなデータが社内にあるかヒアリングを行い、すべてのデータを把握しようとしても、おそらく漏れが発生します。まずは社内にどのようなシステムが存在して、そこからどのようなデータが発生するか、または業務を把握することによりどのようなデータを使用しているか、この2つを確認してください。それからデータの把握に進めば、漏れもなく効率的でしょう。また、3章では本格的な分析チームの組成について説明します。事前に社内にどのような人材が存在しているのか、情報システム部はどのようなケイパビリティを持っているのか把握を行なったうえで、採用や育成、外部との連携などのチーム組成へつなげていきます。

　表2.3に各節に対応するケイパビリティと、各節の内容を実行することで組織に期待されることを示します。

表 2.3　本章に取り組むことで得られるメリット

節名（ケイパビリティ）	得られるメリット
2-1 社内業務の把握（課題発見）	業務の全体を俯瞰でき、どの部署・どのチームがどのような役割を担っているかがわかる。
2-2 意思決定プロセスの把握（課題発見）	会議体と承認フローを把握することで、誰に話を持っていけばよいがが整理できる。
2-3 事業課題の把握（課題発見）	現在の事業課題について認識でき、議論の題材にできる。
2-4 アクションのための情報収集（課題発見）	定期的に必要な情報を得られる。
2-5 情報システム部門の把握（人材）	自社の IT 領域を取りまとめている情報システム部門のミッションや役割、取引先の把握を行うことで、DX を推進する際のミスマッチを防止し、連携が取りやすくなる。
2-6 ステークホルダーの把握（人材）	推進側の人材だけでなく、ネガティブな影響を受ける人材についても把握できる。
2-7 外部人材の活用（人材）	外部の専門家の協力を仰ぐことで、不足している経験やスキルを補うことができる。
2-8 情報セキュリティの把握（データ）	データ利用の際の適切な承認フローが整備されており、安心してデータの活用ができる。
2-9 社内システムの把握（データ）	社内システムを俯瞰することで、業務フロー上の改善点やデータの流れについて把握できる。
2-10 社内データの把握（データ）	社内のデータ、アナログで存在するデータ、社外に存在するデータが整理できる。
2-11 システムによる課題解決の実践（施策実行）	主にシステム化の観点で課題や優先度の整理ができる。
2-12 いつでも振り返れるように現状を整理（施策実行）	ここまでの取り組みをまとめることで全体の振り返りができる。

　本章のアプローチを図 2.1 に示します。

　各ケイパビリティに着手するイメージを持っていただくために Step を設定しました。Step1 ではまず自社のリソースの現状について把握します。次に、Step2 で課題の状況やデータの状況の現状を把握します。Step3 ではこれらの情報をもとに、デジタル化の推進に着手します。現状や課題を十分に把握せずに Step3 のデジタル化だけを進めてしまうと「何のためのデジタル化なのか」「どこまでデジタル化を進めるべきなのか」といっ

た部分が見えなくなり、「デジタル化することが目的」となりがちですので、注意が必要です。本来は課題を解決するための手段の1つがデジタル化です。

図 2.1　現状把握からデジタル化へのアプローチ

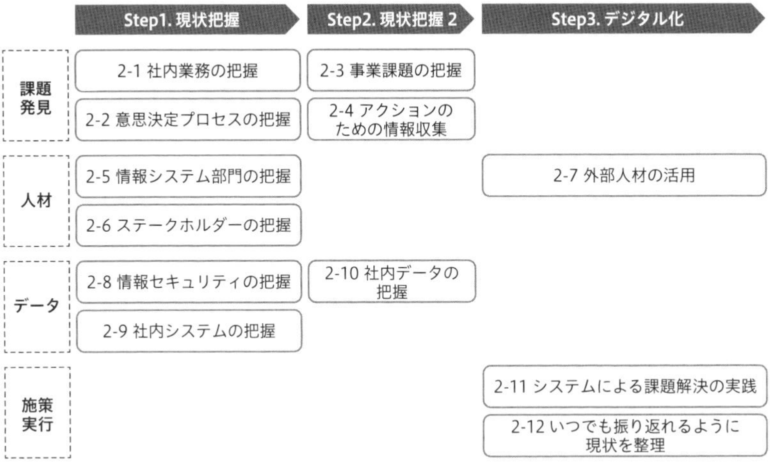

Step1. 現状把握	Step2. 現状把握 2	Step3. デジタル化
課題発見 2-1 社内業務の把握	2-3 事業課題の把握	
2-2 意思決定プロセスの把握	2-4 アクションのための情報収集	
人材 2-5 情報システム部門の把握		2-7 外部人材の活用
2-6 ステークホルダーの把握		
データ 2-8 情報セキュリティの把握	2-10 社内データの把握	
2-9 社内システムの把握		
施策実行		2-11 システムによる課題解決の実践
		2-12 いつでも振り返れるように現状を整理

デジタル化が完了した組織は、以下のような会話ができるかもしれません。

上長
先ほど社長から急ぎの依頼がありました。この商品の全国の支店別売上について知りたいのですが、3日後の会議までにまとめてもらえませんか。特定の地域だけ売上が急増しているかもしれません。

担当者
前回の DX プロジェクトの一環として機関システムのデジタル化が完了しましたので、3日後なら余裕で間に合います。ただ、我々はシステム化の部隊なので、売上急増の要因について分析・考察まで行なうのは難しいと思います。

上長

ありがとう。定量的に評価できるデータがあれば、ひとまずはそれをもとに議論できると思う。議論に必要なデータが集まりやすくなったのもデジタル化のおかげですね。

担当者

データ分析チームができれば、さらに高度な意思決定ができるようになると聞きます。定性的な議論ではなく、データドリブンな意思決定を目指して次のフェーズに進むタイミングかもしれません。

社内業務の把握

（課題発見）

宮田　和三郎

2

現状把握とデジタル化

キーワード ▶ 組織図、業務分掌

「データで話す組織」を作るためには、正確な業務理解を避けて通れません。本節では、業務を層に分解し、その構造を明確にしながら、全体最適化の視点を探るアプローチを解説します。

社内業務を把握する必要性

本章の解説範囲となるデジタル化プロジェクトを進める際、流行しているツールの導入が業務理解よりも先行される例が見受けられます。業務の詳細な把握が不十分なままプロジェクトを進行させると、以下のような問題が生じる可能性があります。

- 導入したシステムが業務とフィットせず、使用されなくなってしまう
- 業務に使用しない機能が存在し、無駄にコストがかかってしまう
- オペレーションが煩雑となり、今までよりも生産性を落としてしまう

このような問題を発生させないためにも、まずは業務の現状を把握し、そのあとに最適な解決策であるツールを検討します。

把握する階層

　業務を把握するためには、企業の活動を抽象化して捉える必要があります。企業には、大きく分けて「事業」、「業務」、「作業」という**3つの階層**が存在すると考えられます[*1]。それぞれの階層について以下で解説します。

> **Memo**
> 事業：企業における最上の階層。製造業、小売業、金融業など
> 業務：事業を遂行するために必要な活動。製造業であれば、研究開発業務、購買業務、生産管理業務など。間接部門の経理業務、人事業務などは事業内容にかかわらず必要となる
> 作業：業務を詳細な作業レベルに落としたもの。購買業務であれば、仕入れ計画を立て、発注システムで発注し、届いたものを検品し、在庫管理システムで管理を行うというひとつひとつのオペレーション

[*1]　公益社団法人 企業情報化協会「ビジネスプロセス・モデルの階層（レイヤー）とステップ」では9つの階層が定義されていますが、本書では3つの階層で整理を行います。
https://www.bpm-j.org/download/bpmmodel.pdf

　グループとしてさまざまな事業を行っていても、企業としては事業別に分かれていることが一般的です。自社の「事業」は明らかな場合が多いと思いますので、調査する必要までもありません。また、すべての「業務」の詳細な「作業」を把握することは現実的ではありません。例えば、ブラウザを立ち上げ、発注システムにアクセスし、IDとパスワードを入れてログインするという操作を一からすべて把握し、ドキュメント化することには、かなりの工数が必要です。この時点では不要ですので、まずは中間の業務レベルまでを把握しましょう。

組織図の確認

　一般的には業務を行う機能ごとに部署が分かれています。**組織図**を確認し、組織全体にどのような部署があるか確認します。

　特に情報システム部門はデータで話す組織を作るにあたって重要な役割を担います。組織図上で管理本部などの部門に属しているのであれば「守りのIT」であると考えられますし、社長直下の組織であれば「攻めのIT」も担っている可能性があります[*2]。どの上位組織に属しているかで、どのような目的を持っているかも見えてきますので、組織階層を押さえることは重要です。

業務一覧表の作成

　次に各部署が担当する業務や権限を明確化した**業務分掌**の文書があるかを確認します。存在する場合は規定を確認し、存在しない場合は経営管理部門や人事部門など全体の業務を把握している部署へヒアリングを行い、業務内容を部署別に表2.4へ書き出します。

　ここまでの準備ができたら、担当部門の部長、または部長を介して部門の業務へ精通した有識者を紹介してもらい、ヒアリングを通して以下の項目について整理を行い表2.4を埋めていきます。

[*2]　「守りのIT」「攻めのIT」については「1-4 情報システム部門の把握」にて詳細を説明します。

業務内容はどのようなものか？

業務遂行のためにどのようなシステムを使用しているか？

現時点で明らかになっている課題は何か？

業務フローの格納場所はどこか？

表 2.4　部門別業務内容を整理するための一覧表

#	担当部署	業務名	業務内容	利用システム	現状の課題	業務フロー
1	購買部	発注	必要な材料や商品の仕入れ	販売管理	適切な発注数量がわからない。 FAX でしか注文できない取引先がある。	業務フロー①参照
2	人事部	新卒採用	採用の募集から内定	○○ナビ	効果的な募集媒体の見極めが難しい。	業務フロー②参照
3	経理部	月次決算		△△会計	月次決算確定までに時間を要する。	なし
4	経営企画	予算管理	予算と実績の管理	Excel とAccess	作業が属人化されており、1 人しか対応できない。 Access でのデータ処理に時間がかかる。	なし

業務フローの作成

　業務フローが存在しなければ、ヒアリングを通して業務フロー図を作成します。業務フローの例として、ある企業の給与計算業務を図 2.2 で示します。この業務では複数の部署をまたいで業務が行われます。特定の部署、例えば人事部だけを切り取ると、この業務には何も問題がないように思われます。しかし、全体を見ると同じ社員情報を「勤怠システム」と「給与計算システム」の 2 つのシステムに登録する必要があるなどの無駄が見えてきます。また、どちらかのシステムに入力漏れがあれば、不整合を起こすなどの問題も考えられます。この場合は、勤怠機能と給与計算

機能を統合したシステムがあれば、無駄や不整合を解決でき、全体の最適化につながります。

全体最適化による改善効果は、個別最適化と比較してインパクトが大きい場合が多いです。「木を見て森を見ず」ということわざもありますが、はじめの業務把握の段階では全体像を大きく捉える必要があります。

図 2.2 給与計算における業務フロー例

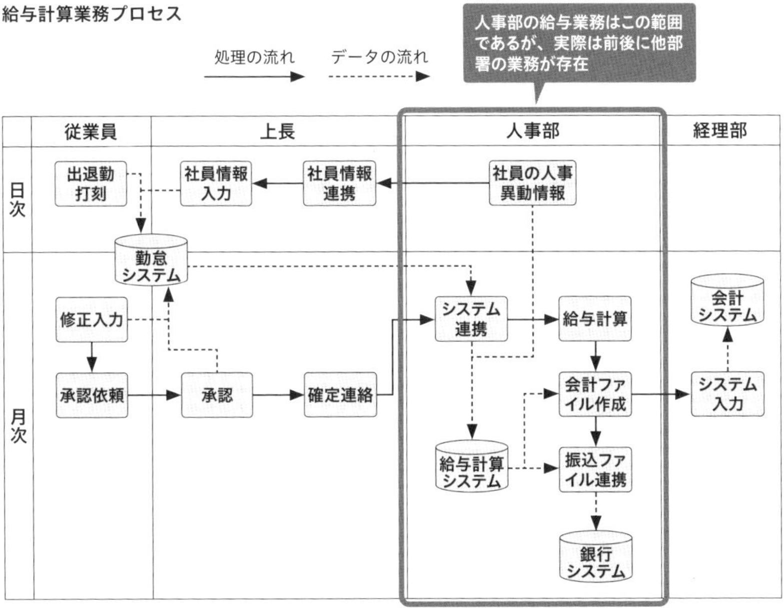

給与計算業務プロセス

人事部の給与業務はこの範囲であるが、実際は前後に他部署の業務が存在

処理の流れ　データの流れ

意思決定プロセスの把握

課題発見

宮田　和三郎

キーワード　会議体、決裁権限表、承認フロー

データを効果的に活用するという観点と組織を効率的に動かすという観点から、組織の意思決定のプロセスを理解しておくことは重要です。本節では、意思決定プロセスを把握できていない状況の潜在的な問題と、それを把握する具体的なステップと整理方法を紹介します。

意思決定プロセスを把握する必要性

　同じような業種、規模の組織においても、意思決定プロセスはさまざまです。自社の組織がどのような意思決定プロセスを行っているかを把握しましょう。把握できていないと以下のような弊害が生じる可能性があります。

- 意思決定に使用されないレポートの作成やデータ分析を行ってしまう
- 取り組むべき施策の優先順位を誤ってしまう
- デジタル化、データ分析プロジェクト推進のためのキーパーソンがわからない

　本節では「会議体」と「承認フロー」の 2 つの観点から組織における意思決定システムの把握を行っていきます。

会議体の把握

　どのような会議体があるかを各部署でヒアリングし、以下のような項目を表 2.5 のように整理します。

> **Check**
>
> 開催主体の部署はどこか？
>
> 会議名は？
>
> 開催頻度は？
>
> 主な議題は？
>
> 使用されている資料は？
>
> 参加者は？

　会議の目的は情報共有、問題解決、意思決定などに分類できます。意思決定のための会議である場合、意思決定の根拠にどのような情報が記載されているかを把握することが第一歩です。実際に使用されている資料を受け取って確認を行いましょう。

表 2.5　部門別会議体の一覧表

#	部署	会議名	頻度	議題	資料	参加者
1	営業部	月次営業会議	月次、第3月曜日	先月度実績報告、課題対応、次月戦略	月次決算書、予実管理表	事業部長、営業部全員
2	人事部	週次会議	毎週月曜日	採用状況の進捗確認、情報共有	各担当者より報告資料	人事部全員
3	○○プロジェクト	プロジェクト定例	毎週木曜日	プロジェクト進捗、課題解決	スケジュール、課題管理表	プロジェクトメンバー

承認フローの把握

　デジタル化の予算を確保する、システム化を実施する、データ分析組織の組成については、採用を行う／外注を利用するといったいくつもの意思決定と承認が必要です。会社内で誰がどのような意思決定を行っているのか、以下の観点で押さえておく必要があります。

Memo
効果的にデータ活用を進めるため、意欲的な意思決定者とそうではない意思決定者がいた場合、前者に向けたプロジェクトを優先する方が成果が出やすいでしょう。
たくさんの意思決定と承認には多くの時間が必要になるため、誰に何を説明しどのようなプロセスで承認を得ていくか、事前に明らかにしておけるとよいでしょう。

　社内に決裁権限表があれば、それにより意思決定者を確認します。他にも稟議ルールやワークフローシステムが導入されているのであれば、誰が起案をし、誰が最終的な決裁を行うのか図 2.3 のような形で確認します。稟議システムが導入されている場合は、稟議システムにおけるフローを確認することが確実です。

図 2.3　サービス委託に関する稟議フロー例

100 万以上の外部サービス委託に関する承認フロー

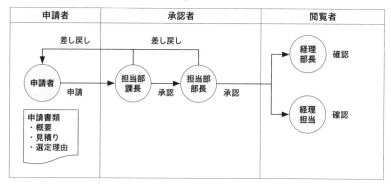

2-3 事業課題の把握

課題発見

宮田　和三郎

キーワード ▶ ヒアリング、業務プロセスからの洗い出し、他社との比較

データを利用して課題を解決するためには、適切な課題設定から始める必要があります。本節では、課題の本質とその把握の重要性に焦点を当て、具体的な手法とツールについて紹介します。

課題を把握する必要性

なぜ課題を把握する必要があるのでしょうか。本来、デジタル化やデータ分析は課題を解決する手段のはずです。しかし、目的と手段が逆転し、デジタル化やデータ分析が目的となってしまい、何の課題を解決するのかが疎かになっているケースが多々見受けられます。特にいきなりツール導入から始めるのは悪手です。必ず課題の把握から始めましょう。課題を把握せずにデジタル化やデータ分析を行うと以下のような弊害が起こる可能性があります。

- 明確な解決目標がないため、最善な手が打てず、無駄な投資となってしまう
- 適切な効果測定ができず、プロジェクトの成功判断ができない

そもそも問題や課題とは何でしょうか。本書では問題とは「理想（あるべき姿）」と「現状」の「ギャップ」という考え方[3]を採用し、課題とは問題解決の具体的な取り組みと定義します。また、図2.4で示すように、IT技術やデータを活用し、**より効果的な結果を得ることが理想であると位置づけ、実現する手段を見つけることを課題**と定義します。

---

[3]　ハーバートA. サイモン 著, 稲葉元吉, 倉井武夫 翻訳「意思決定の科学」（講談社, 1979）の定義より。

Memo
問題：理想と現状のギャップ
課題：問題解決の具体的な取り組み

課題の把握方法

　以下のような手法を通じ、課題を把握していきます。図2.4を利用し、「理想の状況」「現在の状況」「問題＝理想と現状のギャップ」「課題＝問題を解決するための取り組み」を一覧で整理します。表2.6にて参考例を示します。課題は、可能な限り**実現可能かつ問題解決のプロセスが明確なもの**を定義します。

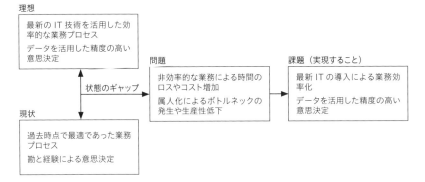

図 2.4　理想と現状のギャップが問題、問題を解決する具体的な施策が課題

ヒアリング

　部門の責任者や担当者より意見や経験談を収集し、現状の認識や問題点、理想の状態などを明確にします。以下に挙げるような質問により、問題や課題の把握を行います。

> **Check**
>
> 組織にとって、どのような状況が理想的か？
> 困っていることは何か？
> それが解決すると何が嬉しいか？
> どのようにすれば解決できそうか？

業務プロセスからの洗い出し

　業務フローよりボトルネックを洗い出します。人間が介し、アナログな作業を行っている部分はボトルネックとなっている可能性があります。他にも同じ作業を二重に行っている、同じデータを複数に保持している部分などは改善の余地があります。

他社との比較

　同業他社は同じような問題、課題を抱えている可能性があり、外部からも広く情報収集を行う必要があります。他社事例などの情報収集方法については「2-4 アクションのための情報収集」で説明します。

　これらの課題を整理した後、優先順位や難易度を定義し、課題ごとに解決のためのプロジェクトを立ち上げていきます。デジタル化が進んでいない組織の場合、実現性が高く、効果が高い問題の解決方法はデジタル化となるでしょう。具体的なデジタル化に向けての実践は「2-11 システムによる課題解決の実践」にて説明します。

表 2.6　理想と現実の一覧整理

#	理想	現実	問題	課題
1	ビジネス部門のメンバーが IT ツールを使いこなしている	一部のメンバーしか使いこなせない	全体的な IT リテラシーが低い	IT リテラシー教育の実施
2	取引先とのやりとりにシステムを使用し、デジタルデータが溜まっている	手書きの伝票や FAX が使用されており、アナログデータしか存在しない	業務が電子化されていない	業務のデジタル化
3	適切な IT ツールを使用し、合理的で効率的なコミュニケーションが行われている	合理的でない場面においても対面での打合せや電話でのコミュニケーションが行われている	無駄な時間が費やされている　デジタルの記録が残らない	コミュニケーションのデジタル化
4	最新のパソコンで効率的な作業が行われている	古いパソコン、スペックの低いパソコンを使用	パソコンが遅いため、無駄な時間が費やされている	業務効率に最適なパソコンの導入

アクションのための情報収集

課題発見

小西　哲平

キーワード ▶ 既存事例、情報の整理

自社と同じような課題を実際に解決できた事例や、課題に対するアプローチなど、既存の情報を把握しておくことは解決への近道です。情報収集の方法によって得られる情報粒度が異なるため、目的に合った手段を選ぶことが重要です。また、情報は集めて終わりではなく、自社の課題に対して適用できる部分とそうでない部分を把握することも意識しましょう。本節では情報収集の方法と活用方法を示します。

情報収集の種類

　情報収集の方法を表2.7にまとめました。主にインターネット記事、調査レポート、セミナー、ハンズオン、インタビューに分けられます。

　インターネット記事は最も一般的な調査方法で、最新の課題解決方法を把握することができます。ITMediaなどに代表されるニュースサイトが提供する編集記事や企業のテックブログ（主にエンジニアが記述する技術に関するブログ）などがあります。編集された記事の場合はトレンドを理解するために有効で、テックブログは事例を把握するために役立ちます。システム化に関するツールだけではなく次章以降のフェーズで利用することになるデータ分析技術やAI・データサイエンスの手法は進歩が早いため、最新のトレンドや既存事例を把握しておくことが重要です。

　書籍／雑誌については、体系的に内容がまとめられているため、具体的な施策を考えるときや、他社事例を調査する際には適しています。特に各社の課題解決までのプロセスが掲載されているものは参考にしましょう。

　セミナーは書籍や雑誌でも語られなかった解決に至るまでのプロセスを生の声で聞くことができますし、登壇者に会う機会でもあり、その後のインタビューの可能性にもつながります。特定のサービスに関するセ

現状把握とデジタル化

2

ミナーの場合、自社の課題に対応できるものかを見極めることができるため、開催されている場合は積極的に参加するようにしましょう。さらに、近年はハンズオン形式のセミナーも行われており、特定のサービスの使い方や実際にデータを使った活用方法をサービス提供者が教えてくれるため、サービスの深い理解につながります。

　また、実際に自社課題が解決できるかを解像度高くイメージするためには、インタビューは欠かせません。自社と似たような課題解決を行っている企業担当者が登壇するセミナーなどはチェックして、直接対話する機会を作りましょう。表向きには語られない泥臭い苦労話は最も価値の高い情報と言えるでしょう。

表 2.7　既存事例の情報を収集する方法

No.	調査方法	メリット
1	インターネット記事	最新の動向や既存事例が把握できる。
2	書籍／雑誌	インターネットには出てこない具体的な情報が手に入る。
3	セミナー	セミナーによって内容は異なるが、インターネット記事よりも具体的なプロセスを把握できる。 また、講演者とコンタクトをとることで、インタビューするチャンスもある。
4	ハンズオン	特定のサービスについて実際のデータを使いながら導入までを指導してくれる。
5	インタビュー	実際に課題解決を行ったプロセスを把握することができ、インターネット記事ではわからないような泥臭い内容も含めて理解できる。

情報収集後のアクション

　得られた情報を整理して、自社のどの課題に適用できるかをまとめましょう。各社で課題や保有するデータには違いがあるため、既存事例がそのまま当てはまることは多くはないでしょう。ただし、まとめる際に、既存事例を細分化しておくことで、部分的にでも自社の課題に対して解決のアプローチを定める助けにはなります。例えば、「売上の可視化シス

テムを作って、各店舗の売上データがリアルタイムに連携できるようになりました」という大枠の話で捉えるのではなく、どの部署が主導・連携して（Who）、何のデータ（What）をどのような方法（How）でどれくらいの期間（When）で、どこに（Where）可視化システムを構築したのか、など、5W1H の視点で整理することで、細分化をすることができます。この他クラウドかオンプレミスかなどもチェックのポイントになります。

Memo
どの部署が主導・連携していたか（Who）
どんなデータを使っていたか（What）
どのような方法だったか（How）
どれくらいの期間で行っていたか（When）
どこに（Where）プラットフォームを構築したのか
クラウドかオンプレミスか

　また、ニュースやプレスリリースのような表向きの情報はきれいなストーリーにまとめられていることが多く、高い確率で裏での泥臭い内容が省かれています。このような内容は課題解決にあたって直面する可能性が高く、事前に把握しておくことで備えることができます。
　情報収集と自社課題への当てはめを行い、最も効率的に課題解決する方法を探りましょう。

2-5 情報システム部門の把握

人材

宮田　和三郎

キーワード　ミッション、ベンダーコントロール

組織のデジタル化やデータ分析を効果的に推進するためには、自社の情報システム部門における役割や機能を理解することが重要です。本節では、それを把握する重要性や具体的なアプローチについて解説します。ミスマッチの防止や無駄なコストの削減、効果的な外部協業のために、正確な情報システム部門の理解を目指しましょう。

情報システム部門を把握する必要性

データ基盤の構築やデータへのアクセス管理など一般的に情報システム部門が保有する機能は、デジタル化とその先にあるデータ分析と密接に関連します。本節では、自社の情報システム部門がどのような機能や役割を持っているのかを把握し、デジタル化およびデータ分析を行うためのシステム構築や分析チーム組成など、ネクストアクション[4]へつなげる足掛かりとします。

情報システム部門の把握ができていない場合、以下のような弊害が生じる可能性があります。

- 本来の役割外のことを情報システム部へ依頼してミスマッチが起こる
- すでに社内で持っている機能があるにもかかわらず、外部へ依頼し二重にコストが発生する
- 特定領域に強みを持った既存取引先があるのを知らず、別に探してしまう無駄が発生する

---

[4] デジタル化についてのネクストアクションについては「2-11 システムによる課題解決の実践」にて説明します。

ミッションの理解

　まずは、自社における情報システム部のミッションについて、部門長にヒアリングしましょう。情報システム部門はコストのみが計上される部門（コストセンター）と位置づけられ、直接的な利益を生まないことが一般的です。システム障害を起こさないことやシステム関連のコストを削減することをミッションに掲げる組織が多いかもしれません。いわゆる「守りのIT」と呼ばれる組織です。反対に「顧客の利便性向上」や「売上向上」といったミッションを持つ「攻めのIT」を担う組織も少なからずあります。ミッションを把握するためには以下のような方法も有効です。

Memo
情報システム部門が関連する中期計画 / 年度計画があれば、記載されている目標や成果となる指標を確認する
経営陣や他部署へ情報システム部へ期待することについてのヒアリングを行う

役割の把握

　IT戦略の立案から、業務システムの開発および運用保守、社内パソコンの調達、社内教育に至るまで情報システム部門の守備範囲は非常に広いといえます。

　本章の「デジタル化」フェーズを完了する前後でデータ基盤の構築やデータ分析チームの組成・育成について取り組むことになりますが、これらを遂行するためにも、組織内で情報システム部門がどのように機能し、役割を果たしているか把握する必要があります。

　表2.8に情報システム部門が持つ役割の例を示します。どのような役割を担っているのかは、情報システム部門のメンバーや部門長に、日々の業務や時間配分などをヒアリングしましょう。

取引先の把握

　表 2.8 に示した役割を自社で担っていない場合、外部の取引先と協業（ベンダーコントロール）していることもあります。また、システムの内製化に力を入れている企業であっても、すべて自社内で完結させることは困難で、システムベンダーやコンサルティングファーム、SIer、SaaS 企業など外部との連携は避けては通れません。

　どのような役割をどのような取引先に依頼しているのか、情報システム部長へのヒアリングを行い、表 2.8 に追記します。また、把握を行う別の方法として、どのような支出があるか会計の視点から把握する手法があります。経理部門から情報システム部に関する仕訳のデータを入手し、「システム要件定義に関する業務委託費用」などを抽出し、ヒアリング内容と照らし合わせ、漏れがあれば追記します。

表 2.8　情報システムに関わる役割一覧

#	役割	情報システム部	社内他部署	社外取引先	備考
1	全社 IT 戦略の立案	一部	経営企画	○○社	
2	インフラ・セキュリティ管理	主担当	—	△△社	
3	営業部向けシステム企画	一部	企画部 / 営業部	—	
4	営業部向けシステム開発運用保守	一部		□□社	
5	経理システム運用保守	—	経理部	△△社	△△社 SaaS を利用
5	機器の調達	主担当	—	—	
6	機器の運用保守	—		○○社	機器一覧参照
7	IT に関する社内教育		—	—	現時点ではなし
8	業務部門へデータの提供	主担当	—	—	

2-6 ステークホルダーの把握

人材

宮田　和三郎

キーワード　スキル、マインド、現状維持バイアス

社内人材の知識、技術、そしてマインドセットを理解することで、「データで話す組織」を目指す効果的なチーム組成が可能となります。また、組織の変革に協力的な方がいる一方で、ネガティブに受け止める方も一定数存在します。どのような人材が社内にいるのかを把握し、組織変革への協力を仰ぐか検討することが重要です。本節では、「データで話す組織」を作るためのキーパーソンの把握の方法とその重要性について解説します。

ステークホルダーを把握する必要性

キーパーソンの把握ができていなければ、以下のような弊害が生じる可能性があります。

- スキルとマッチしないプロジェクトにアサインしてしまう
- 誤った採用計画を立ててしまう
- 社内調整が円滑に進まない
- 不必要な抵抗を受ける

以下では、DX を推進する際に重要な人材と、逆に DX の推進においてネガティブな一面をもつ人材を整理していきます。

DX 推進人材の把握

デジタル化やデータ分析を進めるためには、どのようなスキルやナレッジを持った人材がいるのかを把握し、効果的なチームを組成する必要があります。例えば、以下のような強みを持つ人材がいれば、分析チームの立ち上げやデータ活用がスムーズに進むことがあります。

- スキル／ナレッジ
  ・ビジネス部門に所属するが、Excel や Access に詳しく、プログラムも書けるような方
  ・社内のデータがどのようなビジネスロジックで生まれたか熟知している情報システム部門のエンジニア
  ・プロジェクトの推進力が強い方
  ・コミュニケーション能力が高く、調整力を持った方
- マインド／経験
  ・新しいことに挑戦する意欲を持った管理職
  ・データを有効的に活用し、実績を上げたいマーケターや営業
  ・前職で成功事例を見ている方

　これらの人材を把握するためには、社内の状況をよく観察することからはじめ、人事部や各部署へのヒアリングを実施します。社内ナレッジ共有のしくみやチャットのようなものがあれば、そこから対象となる人物を見つけ出し、必要であれば本人に直接ヒアリングを行うことも有効です。ここで紹介した人材はあくまでも一例ですので、これに近いスキルやナレッジ、マインドを持つ人材を見つけ出し、協力をあおぎましょう。

ネガティブな影響を受ける人材の把握

　デジタル化やデータ分析にネガティブな反応を示す方も存在します。どのような方が影響を受けるか事前に把握しておき、対応を検討しておくことも重要です。

　手作業でレポートを作成していた人がいれば、レポート作成が自動化されると仕事がなくなってしまいます。技術の進化に適応していく方が、本人のためになると前向きに捉えてもらい、必要であればリスキリングを行い、別の仕事を担っていただくことを検討します。

　新しいしくみを導入しようとすると、自分が構築した既存のしくみが劣っており、否定されているような感覚を覚える方も一定数存在します。構築したタイミングでは最適なしくみであったはずであり、その功績については尊敬の念を示す必要があります。しかしながら、現在の環境に

54

おいては、もっと効率的な方法があり、既存のしくみを否定するものではないことを理解してもらう必要があります。

そもそも人には変化を嫌い、現状を維持したいという現状維持バイアスがあります。変化は負荷を強いることになり、現状維持は楽であるということに加え、未知のものには誰しも不安を覚えます。「データで話す組織」になれば組織や個人がどのように変わり、どのようなメリットがあるかを丁寧に説明しつつ、懸念される不安を取り除いていく必要があります。

これらのネガティブな反応には、全社的な活動で対応する必要があり、経営層の関与なく成功することはできません。しっかりと現状把握を行い、経営層含め一丸となって取り組む必要があります。

デジタル化によって、働き方が変わる人へのフォローを忘れずに

2-7　外部人材の活用

人材

小西　哲平

キーワード　調査、戦略立案、システム構成検討、システム実装

自社の人材だけでは道筋を立てることが困難な場合もあります。外部人材は多くの経験を保有しており、過去の成功／失敗体験から成功確率の高いプロセスを把握していることが多いです。そのような外部人材に伴走してもらうことで、効率的に施策を実行することが可能となります。本節では外部人材の選び方と活用方法、自社人材との役割分担について説明します。

外部人材の選び方

さまざまな外部人材を自社の状況に合うように適切に選ぶ必要があります。人材選びを間違えると、時間とお金ばかりかかってしまい、思うような成果を得られません。

まずは、依頼を整理するところから始めましょう。依頼内容を、一般的な施策実行のプロセスと照らし合わせて大きく次の4つ、調査、戦略立案、システム構成検討、システム実装に分けて説明していきます。

まずは**調査**から外部人材に依頼するパターンです。「2-3 課題の把握」で述べられているような自社の課題把握や既存事例の調査ができておらず、今からこれらの調査を行って施策実施に関する意思決定を行うのであれば、この段階から外部に依頼します。次に、既存事例の調査が済んでいても、どのようにシステム化を行うかがわからなければ、施策検討（**戦略立案**）から依頼します。外部人材はある課題に対して適切な打ち手を提示してくれるでしょう。施策が決定して、システム化（**システム構成検討**）にあたって何から手をつけていいかわからなければ、プロセス検討の段階でコンサルタントに依頼します。外部人材は、システム化のためのプロセスをまとめ、必要な費用や時間軸を提示してくれます。最後に、**システム実装**の方法がわからない場合は、システム構成を提示し、外部

人材に実装方法のアドバイスを依頼します。

　依頼内容と一般的な外部人材の種類をまとめると、調査、施策検討までは戦略系コンサルタントに依頼し、システム化のプロセス／システム構成検討やシステム実装についてはシステムインテグレータやシステムエンジニアに依頼することになります（表2.9）。依頼方法は、1～2年の単位で組織の中に入ってもらい、伴走しながらプロジェクトを進める形もあれば、スポットで調査・提案をまとめてもらう形もあります。調査や施策検討はスポットでもいいですが、システム化やシステム実装になると長期間に及ぶこともあるため、中長期的にサポートしてもらえる人材を探す方がいいでしょう。

表 2.9　外部人材への依頼の種類と職種

	依頼内容の種類	具体例	外部人材の職種
1	調査	既存事例と解決方法について網羅的に整理する。	戦略系コンサルタント
2	施策検討	ある課題に対して適切な打ち手を提示する。	戦略系コンサルタント
3	システム化のプロセス／システム構成検討	具体的な課題に対してシステム化の道筋を立てる。	システムインテグレータ
4	システム実装	検討したシステム構成に従い、実際にシステムを構築する。	システムエンジニア

　職種だけでなく、外部人材の専門性についても確認しましょう。同じITシステムとはいえ、中身はさまざまで、勘定系システムもあれば、医療データに関するシステムもあり、すべての事業内容に精通している人材は滅多にいません。何かしら専門領域を持っているはずなので、自社の事業内容の課題解決に強い外部人材を選択するようにしましょう。「2-4　アクションのための情報収集」で記載しているように、インターネット記事や書籍などを確認し、現在のトレンドを把握したうえで探すことをおすすめします。こちらの知識があまりにも不足している場合は、外部人材に対する目利きができずミスマッチが発生する可能性があります。

　専門性を確認するための代表的な質問としては下記のようなものがあ

ります。

XX 分野（例えば、予算管理に関するデジタル化）において、有名な事例を教えてください

XX 分野において、代表的な課題は何か教えてください

XX 分野のトッププレーヤーを教えてください

YY の施策（例えば、予算管理に関するデジタル化）を行おうと思った場合にかかる費用感や期間を大まかに教えてください

　他にも細かな質問はありますが、これらが主な確認のポイントになります。

自社人材と外部人材の連携

　外部人材だけにまかせるのではなく、自社人材も有効に活用しましょう。外部人材と自社人材で役割分担を行い、協業することで、外部人材が持つノウハウを自社に吸収でき、その後のシステム化プロセスの効率を上げられます。そのためにも「2-6 ステークホルダーの把握」は重要な調査となります。

2-8　情報セキュリティの把握

データ

宮田　和三郎

キーワード　個人情報保護法、情報セキュリティポリシー

情報漏洩や不正アクセスを防ぐため、セキュリティを高めることは重要です。しかし、あまりにも過度なセキュリティは「データで話す組織」を作るにあたって弊害となる可能性があります。本節では、まず自社における情報セキュリティの現状を確認し、その後に考えられるリスクを回避し、セキュリティを確保しながらデータを最大限に活用するための方法を探ります。

情報セキュリティを把握する必要性

　悪意のあるハッキングのような外部からの不正な攻撃は防ぐ必要があります。また、個人情報保護法[5]のような法令は当然遵守しなければなりません。しかし、セキュリティとデジタル化／データ分析はトレードオフの関係にもあります。過剰なセキュリティは下記のような弊害を起こす要因となっている可能性があります。

- 大量データの効率的な処理を行いたいが、Amazon Redshift、Snowflake やBigQuery といったクラウド DWH へアクセスできない
- 数時間だけ高性能 GPU マシンを利用したいときに、サーバーのレンタルができず購入する必要がある
- 日本語を英語に翻訳するために、Google や DeepL などが提供する翻訳モデルを利用したいが、外部 API を叩くことができない
- データ分析を行うプログラミング言語である Python や R が制限によりイン

---

[5]　個人情報の有用性に配慮しながら、個人の権利や利益を守ることを目的とした法律。「個人情報」とは、生存する個人に関する情報で、氏名、生年月日、住所、顔写真などにより特定の個人を識別できる情報です。
　　総務省広報オンライン「「個人情報保護法」をわかりやすく解説　個人情報の取扱いルールとは？」
　　https://www.gov-online.go.jp/useful/article/201703/1.html

　　ストールできない
- Google スプレッドシート、Colaboratory を利用したデータ分析を行いたいが、Google Workspace にアクセスできない

　データやシステムを適切に活用するために、誰がどのデータやシステムにアクセスできるかを明確にしたうえで、どのような手続きを行えば利用できるようになるかを把握しましょう。

情報セキュリティポリシーの把握

　自社内で**セキュリティポリシー**を管轄する部署を把握し、情報セキュリティポリシーに関するドキュメントを入手します。情報セキュリティポリシーは、図 2.5 に示すように「基本方針」「対策基準」「実施手順」の3 階層で構成されていることが一般的です [6]。

　セキュリティのアクセス制御の基本的な考え方は、ブラックリスト方式とホワイトリスト方式に分けられます。セキュリティポリシーの「基本方針」「対策基準」をもとに自社がどちらの方式を採用しているかを確認しましょう。

図 2.5　情報セキュリティポリシー階層

---

[6]　総務省「情報セキュリティポリシーの内容」
https://www.soumu.go.jp/main_sosiki/joho_tsusin/security/business/executive/04-3.html

ブラックリスト方式

　利用してはいけないシステムやデータをリスト化し、アクセスの制限を行う方式です（図2.6）。リストに記載されていないものについては自由に利用することが可能です。ホワイトリスト方式と比較してセキュリティの強度は弱いです。管理コストは低いが、未知の脅威に弱いという特徴があります。

図2.6　ブラックリスト形式

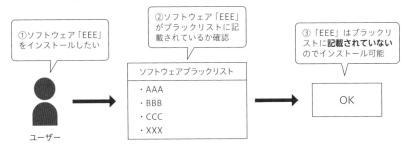

ホワイトリスト方式

　利用できるシステムやデータをリスト化し、アクセスの制限を行う方式です（図2.7）。リストに載っていないものは利用できません。管理コストは高くなりますが、ブラックリスト方式と比較してセキュリティの強度は強く、未知の脅威に対応可能という特徴があります。

図2.7　ホワイトリスト形式

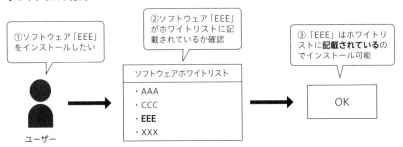

　ブラックリスト方式の場合はリストに記載されているもの、ホワイトリスト方式の場合はリストに記載されていないものは基本的には利用することができません。申請を行い、許可されれば、利用できることもあります。

　どのようなプロセスで申請を行えば新しいツールが利用可能になるのか、**実施手順**に関するドキュメントで確認を行います。

実施手順が定められていない場合の対応策

　会社によっては、明確な「実施手順」が定められていない場合もあります。この場合は、懸念されるリスクとリスクの対処法を明らかにし、ブラックリスト／ホワイトリストを管理する部門に申請してください。

　新しいツールやデータへアクセスにあたって、考慮すべきリスクと確認すべき基本的な対処方法を表 2.10 に示します。

表 2.10　新しいツール利用時の考慮すべきリスクと対処方法

#	リスク	対処方法
1	インストールするソフトウェアによる外部からの攻撃や情報漏洩	**ソフトウェアについての確認** ・既知の脆弱性に対応している最新バージョンの使用 ・重大な事故を起こしていないか事例の確認
2	外部サービス、クラウドからの情報漏洩	**事業者についての確認** ・提供事業者が ISMS のような第三者認証を取得しているか ・事業者が過去に重大な事故を起こしていないか、また事故を起こしていた場合、適切な対応を行っているか **利用する外部サービス、クラウドの確認** ・多要素認証など強度の高い認証方式となっているか ・OAuth 認証に準拠するなど強度の高い認証方式となっているか 利用する外部サービス、クラウドの設定 ・適切なアクセス権限の設定

3	API 利用時の情報漏洩	**事業者についての確認** ・提供事業者が ISMS のような第三者認証を取得しているか ・事業者が過去に重大な事故を起こしていないか、また事故を起こしていた場合、適切な対応を行っているか **利用するサービスや API についての確認** ・通信が暗号化されているか ・データが適切に保護されているか ・送信したデータが不正に利用されることはないか

社内システムの把握

宮田　和三郎

データ

キーワード　システムマップ、情報機器

社内システムの理解は、社内にどのようなデータを保持しているのか、どのような課題が存在するかを把握するための重要な情報源となります。本節では社内システムを把握する重要性と、その方法について詳しく解説します。

社内システムを把握する必要性

　通常、社内には複数のシステムが稼働しています。会計システムのように社内業務のみで利用されるものだけではなく、企業のウェブサイトのように一般にインターネットに公開されているものなども広義のシステムと捉えて、社内にどのようなシステムが存在するか把握しましょう。

　システムを把握することにより、システム化されていない部分が明確になります。データ分析を行う以前に、システム化で業務効率化が図れることも多く、2-1 節で述べた業務の把握と併せて考えると、何をシステム化するべきかの足掛かりが見えてきます。また、どのようなシステムで、どのようなデータが生成されているのかをおおまかに捉え、次節に記載する「データの把握」を行い、その後のデータ分析につなげます。

　社内システムの内容を適切に捉えておかないと以下のような問題が生じる可能性があります。

- どこにシステムの改善点があるのか見えない
- 効率が悪く、効果が低いデジタル化投資を行ってしまう
- 分析に使用するデータが、適切なシステムから発生したものなのかわからない

社内システムの把握

　情報システム部や各部門へのヒアリングを行い、収集した情報を表2.11のような一覧にまとめます。

Check

システム名称は？

管理部門は？

利用部門は？

機能の概要は？

分類は？

提供元はどこか？

表2.11　社内システム一覧

#	システム名称	管理部門	利用部門	機能概要	分類	データアクセス	提供元
1	勤怠〇〇	人事部	全社員/人事部	出勤、退勤の打刻、休憩時間などの管理	自社開発	直接データベースにアクセス可能	〇〇社委託
2	クラウド会計ソフトfreee	経理部	経理部	仕訳入力、財務諸表作成などの経理業務	SaaS	ダウンロードボタンよりデータ取得	freee株式会社
3	在庫■■	情報システム部	商品部	入出庫の管理、在庫一覧の管理	自社開発	直接データベースにアクセス可能	情報システム部
4	Slack	情報システム部	全社員	全社チャットコミュニケーション	外部サービス	ダウンロード不可	セールスフォース

　システム名称は、社内での呼称を記載することをおすすめします。パッケージやサービスは、そのまま名称を記載します。

　外部サービスの場合、情報システム部門ではなく特定の部門が契約していることもあります。採用で使用している求人サイトなど、一見するとシステムと呼ばないようなものもありますが、ヒアリングの中で出てきたものは、すべて記載しておきましょう。

　ヒアリング以外の方法としては、資産や支払いについての情報を保有している経理部門へのヒアリングも有効です。開発したシステムや購入したサーバーは「資産」、小額の機器については「消耗品」「事務用品」、求人サイトや SaaS のようなものについては「通信費」「支払手数料」のように経費で計上されている可能性があります。

　一覧には管理部門と利用部門をそれぞれを記載します。管理部門はシステムの安定稼働やコストダウンを念頭に管理しており、利用部門はストレスなく使用できる性能や業務が楽になる機能の充実を求めています。このため、お互いの利害が一致しないことがよくあります。このコンフリクトを解消することはデジタル化やデータ分析を進めるにあたり、重要なポイントとなります。

　機能概要については、主要な機能と用途をおおまかに記載します。分類については「自社開発」「外部ベンダー開発」「パッケージ」「外部サービス」などを記載します。データ分析プロジェクトが開始され、詳細のデータ仕様などについてのヒアリングが必要となった際に、問い合わせ先がわかるように、提供元に記載します。

　システム一覧とあわせて、図 2.8 のようにシステム間の関連がわかるような**システムマップ**を作成します。概要を把握するためのものですので、細かい情報は除外し、できるかぎりシンプルにします。システム間でデータが連携されていれば、データの起点と終点を矢印で表現しておくとよいでしょう。手動で連携しているのか、自動で連携しているのか、どのようなタイミングで連携しているのかなどの詳細情報については現時点ですべて調査しておく必要はありません。

図 2.8　システム・マップ

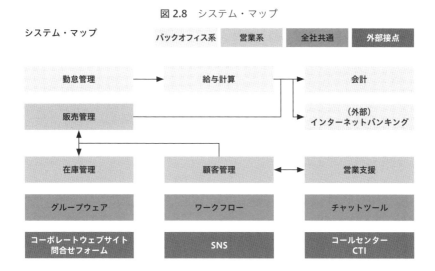

情報機器の一覧作成

　社内で利用している機器についてもヒアリングを行い、表 2.12 のように一覧を作成します。

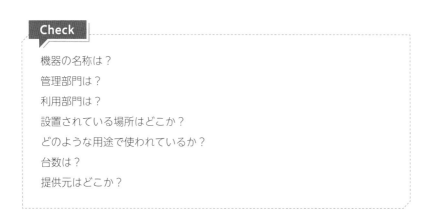

Check

機器の名称は？

管理部門は？

利用部門は？

設置されている場所はどこか？

どのような用途で使われているか？

台数は？

提供元はどこか？

　情報システムのデータベースに管理されているような構造化された

　データだけではなく、コールセンターにかかってきた音声データや防犯
カメラのデータも重要な分析対象データとなりえます。情報システム以
外の観点も網羅するために、機器についての調査も実施します。
　貸与されている社員用のスマホ、社用車などについてはデータの発生
元にもなりえますし、データを活用するデバイスとして利用することも
考えられます。デジタルやアナログという概念を意識せず、業務で使用
する思いつく機器をとりあえずすべて書き出します。
　使用場所と台数を加えるとイメージしやすくなります。正確な場所や
台数単位での正確な数字を押さえる必要はありません。利用イメージや
規模感を捉えることが重要です。

表 2.12　社内利用の機器一覧

#	機器	管理部門	利用部門	場所	用途	台数	提供元
1	販売管理システムサーバー	情報システム部	営業部	○○データセンター	販売管理システムで使用するサーバー	1	○○社
2	本部社員用ノートパソコン	情報システム部	本部全社員	本部事務所	販売管理など各業務システムで使用	20	○○社
3	店舗社員用POSレジ	販売部	店舗社員	店舗	POSレジとして利用	50	△△社
4	店舗監視カメラ	販売部	店舗社員	店舗	防犯のため	50	□□社
5	FAX	総務部	商品部	本部事務所	発注業務で使用	5	△△社

2-10 データの把握

データ

宮田　和三郎

2

現状把握とデジタル化

キーワード　ログデータ、アナログデータ、オープンデータ

データが存在しなければ「データで話す組織」を作ることはできません。しかし、データで話す組織を目指す以前のフェーズにある組織の多くは、そもそもどのようなデータが自社で存在しているのか把握できていません。本節では、保有するデータを把握する重要性とそれを把握する方法について解説します。

データを把握する必要性

　データは経営資源であるという認識が少しずつ広まってきています。しかし、社内のデータを網羅的に把握できている組織はまだ少ないのではないでしょうか。社内には紙で保存されているアナログデータ、Excelなどの電子ファイルで管理されているデータ、データベースに格納されているデジタルデータなど多種多様なデータが存在します。

　社内業務に関連するデータを整理することで、アナログデータのデジタル化や外部データの購入、データ基盤構築などネクストアクションへつなげる足掛かりとします[*7]。どのようなデータを保有しているか把握を行わないまま、デジタル化やデータ分析プロジェクトを始めてしまうと、以下のような問題が発生する可能性があります。

- 利用可能なデータに気付かず、分析の精度が落ちる
- 必要なデータが後から発見され、追加の作業や修正が増加する
- プロジェクトの立ち上がりに時間を要する
- ステークホルダーとのコミュニケーションが困難となり、プロジェクトの進行に支障をきたす

[*7] アナログデータのデジタル化やデータの購入については「3-6 データ理解とデータ整備」も参照してください。

データの詳細よりも網羅性を重視

　実際にデータを使用するタイミングにおいては、データの項目や品質、保持期間などを把握しておく必要があります。しかし、課題解決に使用できるかわからない段階で時間とコストをかけて詳細に調査を行なっても無駄になってしまう可能性があります。まずは、社内に存在するデータの全体を網羅することに注力し、詳細の調査については、実際に課題解決のプロジェクトが立ち上がってからで問題ありません。

　課題解決プロジェクトの開始時点でデータの概略が見えていれば、必要なデータの当たりをつけやすく円滑にスタートを切ることができます。データの全体像が見えていることにより販売管理システムから取得した「売上データ」と勤怠管理システムから取得した「労働時間データ」の組み合わせで指標「時間当たり生産性」が作成できるなど、新たな気づきになることもあるでしょう。

社内システムのデータ

　「2-9 社内システムの把握」で整理を行った社内システムをもとに、どのようなデータが管理されているのか、表 2.13 のような形で整理していきます。

> **Check**
>
> データの名称は？
>
> どのような業務で使われているか？
>
> 管理部署はどこか？
>
> 何のシステムから収集するか？
>
> データが記録されている媒体は何か？
>
> データへのアクセス方法は？

表 2.13 社内に存在しているデーター覧の例

#	データ名	業務	管理部署	システム	媒体	データアクセス	備考
1	勤怠データ	労務管理、給与計算	人事部	勤怠管理	RDB	直接データベースにアクセス可能	
2	発注データ	発注業務	営業部	販売管理	CSV	ダウンロードボタンで出力可能 一部は FAX のみしか存在しない	
3	予算データ	予実管理	経営企画部	-	Excel	特定フォルダに格納	
4	市場データ	商品開発、市場開拓	開発部	-	PDF	特定フォルダに格納	○○社よりメールで受領

　社内で作成したシステムで、RDB（Relational Database）でデータが管理されているのであれば、情報システム部や開発元へ依頼してデータの管理単位である「テーブル」の一覧を入手します。きれいに整備されたドキュメントが存在しない場合は、データベース管理システムのメタデータ[*8] よりデータの一覧を取得します[*9]。

　この調査において見落としがちなのが、アクセスログや操作ログのようなログデータです。EC サイトやウェブサービスを運用しているのであれば、ログから取得した訪問数やクリック数を指標として管理しているケースは多いでしょう。一方で、業務で使用されているシステムのログは現状あまり使用されていません。しかし、これらのデータは企業にとって宝の可能性があります。製造業であれば機械のセンサデータを分析し、異常を検知する。小売業や外食産業であれば、POS レジの操作ログから不正検知を行なう。顧客が使用する商品検索システムがあれば、検索ロ

[*8] データについての情報のこと。一般的なデータベース管理システムであれば、データの一覧を管理している情報が存在します。

[*9] RDB 以外にもファイルや NoSQL と呼ばれる RDB 以外のデータベースで管理されている場合もあります。この場合もユーザー情報や売上情報などデータの種類に応じて整理を行います。

グより顧客の興味関心を知るという使い方ができます。システムのログデータがあるのであればデータ情報として記録しておきます。

　外部サービスを利用している場合は、対象サービスの中にデータダウンロード機能があるか確認します。多くの場合は Excel や csv でデータをダウンロードする機能を持っています。ダウンロード可能なデータを一覧に記載します。

　ダウンロードの機能がない場合や、サービスに入力しているデータがダウンロード対象となっていない場合は、利用可能なデータの一覧と取得方法についてサービス提供元に問い合わせを行います。

　社内で保持するデータの中には、お客様の個人情報や社員の給与情報などセンシティブな情報が含まれていることがあり、適切なリスクマネジメントを実施する必要があります。本書では詳細についてはふれませんので、データマネジメントに関する書籍を参照してください[10]。

アナログデータと社外データの把握

　システムから把握できるデータは、すでにデジタル化されたデータです。しかし業務の観点から見てみると、FAX での注文情報や紙の契約書などデジタル化されていないデータがたくさん存在することに気付くでしょう。音声や画像、PDF ファイルなどは、電子化されているものの、そのままでは分析できない非構造化データです[11]。これらのデータも一覧に記載をしておきます。

　加えて、マーケティングリサーチ会社から購入した市場データ、取引先より入手した商品の情報、気象庁から取得する気象データ、国や自治体から取得するオープンデータなど外部から取得するデータを持っていることも考えられます。

---

[10] 大城信晃 監修・著 , マスクド・アナライズ、伊藤徹郎、小西哲平、西原成輝、油井志郎 著「AI・データ分析プロジェクトのすべて」（技術評論社 , 2021）の「第 5 章 データのリスクマネジメントと契約」などを参照してください。

[11] RDB や csv のように行列形式で表されているデータを構造化データ、行列形式をとらないデータを非構造化データと呼びます。非構造化データは、ひとつひとつのデータで意味を持ちますが、まとめて集計や分析はできません。

社内や社外、デジタルやアナログにかかわらず、データの全体を網羅
し、一覧とともに図2.9の**データマップ**も作成します。データ一覧とデー
タマップがあれば、円滑に課題解決プロジェクトを開始できます。

図 2.9　データマップ

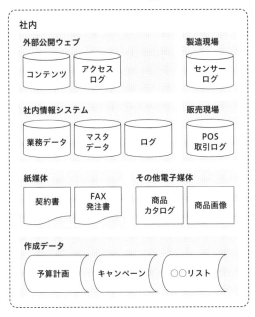

システムによる 課題解決の実践

施策実行

小西　哲平

キーワード　システム化、既存サービス

これまでの調査・現状把握を通して、社内の課題や人材、存在するデータが明らかになったでしょうか。あがってきた課題の中から、社内にいる人材やデータを使って解決できるものからシステム化を始めていきましょう。

システム化の対象を決める

　「2-3 事業課題の把握」でまとめた課題の中で優先順位が高いものはあると思いますが、難易度を気にせずに始めると、なかなか解決に至らなかったり、既存のツールでは対応できずに内製する必要が出てきたりと、時間とコストがかかることがあります。まずは勉強のつもりで、身近な課題を選択し、システム化によって解決してみましょう。一度システム化を体験することで、システム化の進め方を学ぶことができます。例えば、表2.14のように課題を整理した場合、優先度が比較的高く、難易度の低い課題番号2を選ぶことをおすすめします。

表 2.14　優先度と難易度で整理された課題

課題番号	重要度	緊急度	難易度	課題の評価
1	高	高	高	ビジネスにインパクトがあるが、難易度が高いため初めから対応するのはオススメできない
2	高	中	低	ビジネスインパクトがあり、難易度が低いため、はじめに着手するにはオススメ
3	中	低	中	
4	低	低	高	

　システム化ではありませんが、優先度が高く、難易度が低い課題の1つに、使用しているパソコンの交換が考えられます。パソコンが古くスペックが低いため、業務に悪影響をもたらしている場合、まずはパソコンの交換を検討しましょう。

難易度がわからないときは？

　難易度と言っても各社ごとに人材や予算も異なるため、それぞれの事情に合った評価指標で難易度を定義する必要があります。例えば「費用」、「実現までにかかる時間」、「必要なITスキルや人材」などで定義してみるといいでしょう（図2.10）。もし現段階で難易度を決定できない場合、「2-4 アクションのための情報収集」や「2-7 外部人材の活用」を参考にしてみてください。

図 2.10　難易度の整理

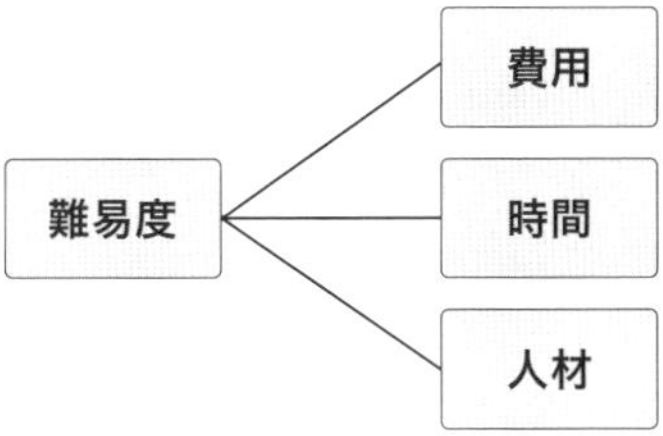

課題とデータの中身の確認

　「予算データ」を対象に、システム化のプロセスについて紹介します。ここでは経営管理部が保有しているExcelファイルが特定のフォルダに格納されているとします。

　まずは、解くべき課題を確認します。各部署が別々のフォーマットで予算や売上を管理しており、毎月の集計作業に多くの時間を要していたとします。部署ごとに異なる事業を行っているため、共通フォーマットでの管理が難しく、これまでは手作業で報告に必要な内容を整理していました。しかし、毎月同じ集計作業が行われており、予算と売上に関連

する特定の項目のみを抽出できればよいため、システム化の難易度は低いと考えられます。そこで、自動的にファイルをまとめて、集計結果を出力することで効率化を図る施策を考えます。次に、データの中身を把握しましょう。データの形式（文字、数字、画像など）やデータ数を確認するとともに、表記ゆれなども合わせて確認しましょう。同じことを表すデータでも「飲料」「ドリンク」など表記方法が違うと集計の際に変換する必要が出てきます。このようにデータの中身を把握することで、どのようなツールを導入すればよいか理解できます。もし部署をまたいでデータにアクセスする場合は、機密情報がないかを確認します。機密情報とは、組織が保有する重要な情報で、外部へ流出すると損害になりかねません。機密情報がある場合は、あらかじめサンプルデータをもらって確認しておくなど、なるべくデータ受け渡しのハードルを下げることで、スピーディに着手できます。

　予実管理がシステム化されることにより、まずは工数が削減されるというメリットを得られます。その他にも、集計作業がロジックとして記録されるため、属人化から脱却できる。構造化されたデータが電子で残るため、検索をしやすい。データ分析を行いやすいなど、副次的な効果を得ることもできます。

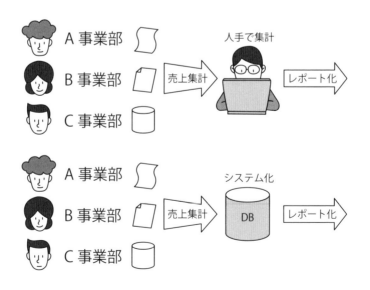

既存サービスの活用

　データの中身が確認できたら施策を考えます。ただし、いきなり内製で進めようとすると予算も時間もかかってしまうため、なるべく**既存サービス**を活用してシステム化を進めましょう。予算データの集計であれば、SaaSサービスを導入し、その効果を確認しましょう[*12]。初期費用が安く抑えられているものもあり、気軽に試すことができます。特殊なデータ形式によって既存サービスの利用が難しいケースもあるかもしれませんが、そのような課題は後回しにして、まずは着手できるところから実施してシステム化の肌感覚をつかみましょう。

　既存サービスを用いることで、導入による効果を具体的に計算することができます。既存サービスでできること、できないこと、導入効果を確認した後、必要に応じて内製化の判断をすることで、スピーディな検証が可能になります。すべてを内製化してしまったにもかかわらず、あまり導入効果を得られないこともあるため、まずは低コストに既存サービスを利用して検証することから始めましょう。

[*12] 予算管理システムとしては Loglass（https://www.loglass.jp/）、BiZForecast（https://www.primal-inc.com/bizforecast/）といった Saas サービスがあります。

いつでも振り返れるように
現状を整理

施策実行

小西　哲平

キーワード　現状整理

これまでの節では、現状の把握と課題の明確化、システム化のプロセスのトライアル実施といった実施難易度が高いものがたくさんあったかもしれませんが、具体的に自社の現状が把握できてきたでしょうか。本節では 2 章のまとめとして、現状を整理し「データで話す組織」としての準備ができているかを確認します。

現状を 1 つのシートにまとめる

　表 2.15 に示すような課題の一覧を作成し、これまで調査、実施して現状を整理しまとめましょう。いつでも現状を見返せるようにするとともに、新たに課題が出たときに追記することをおすすめします。過去に行った施策の記録にもなり、施策実施の結果は今後の会社の資産になっていきます。例えば、現状の技術では困難な課題も、とある会社がソリューション（解決方法）を開発する可能性もあるため、現時点で解決が難しいからといって一覧から省かないようにしましょう。

　具体的にシートの埋め方の例を以下に示します。施策の実施や、課題が増えたタイミングといった内容を随時追記していくようにしましょう。

Memo
課題をリストアップする
優先度と緊急度を整理する
現状の人材での対応可否を検討する
現状のデータ内容を整理する
課題に対する施策案を記載する
施策実施難易度と実施有無を記載する

表 2.15　現状を整理したシートの例

課題	予算データが Excel で管理されており、毎月集計作業が発生する。	発注業務が一部 FAX が使われておりデジタル化が困難。
優先度	毎月同様の処理に XX 時間を要しており、人件費へのインパクトが XX 万円に上る。	FAX で行なっていることで、管理に時間がかかるだけでなく、誤入力が発生して顧客に不利益を与えている。
緊急度	現状の運用が滞っているわけではないため、緊急性は高くはない。	顧客からのクレームも発生しているため、緊急性が高い。
人材	Excel を扱える人材はいるものの、マクロでの対応は困難。	CSV ファイルについてはマクロを使うことで自動化の見込みはあるが、FAX は電子化が困難。
データ	毎週金曜日に各ファイルが特定のフォルダに格納される。フォーマットは固定されている。	FAX での発注は全体の 5% であり、無視できない数字。クライアントからの要望もあり、一括変更は困難。
施策	A 社の「XX」という SaaS サービスを導入。	調査の結果、既存サービスでは対応できないオペレーションであったため、内製でシステムを開発する必要がある。
施策実施にかかる期間	3 ヶ月で導入	1 年以上を想定
費用	月額 20 万円	5,000 万円程度
難易度	低	高
施策実施の有無	有。A 社の「XX」により自動集計できた。事務員の稼働を Y 時間削減できた。	無

2

現状把握とデジタル化

関係部署の人にもシートを確認してもらう

　このシートは担当者内だけにとどめておくのではなく、関係部署の人にも確認してもらいましょう。関連部署は現状について共通認識を得られるだけでなく、認識の離齬があった場合に早期発見できます。また、新しいアイデアや既存事例を紹介してくれるかもしれません。さらに、施策

の妥当性を関係者に理解してもらうのにも役立ちます。「なぜ取り組んでいるのか」「何が問題なのか」「どう解決しようとしているのか」「完了した場合にどのようなインパクトがあるのか」を関係部署の人にも正しく理解してもらうことで、施策実施をスムーズに行うことができます。開示できる範囲で多くの人と共有しフィードバックを得るようにしましょう。

なかなか進まなくても諦めない

　精神論のようですが、データで話す組織を作るためには諦めない胆力が重要です。本章で紹介したような現状認識・事前準備は、一見簡単そうに見えて最も難しいプロセスです。この事前準備が進まないからこそ、「データで話す組織」になり得ない可能性が高いです。まずはできるところからデジタル化、システム化し、小さな実績を積み上げていくことが重要です。地味な取り組みに見えて、なかなか成果を示しにくいかもしれませんが、中長期的にみると最もインパクトの大きい取り組みがこの「準備」です。

　このような準備にウルトラCはありません。地道に地を這いながら泥臭く前進して行ってください。社内にデータが溜まりはじめ、連結できたときに初めて大きなプロジェクトとして花開きます。

データ分析チームの組成

本章に取り組むメリット

大城　信晃、油井　志郎

目指す組織像

　2 章では、組織の現状把握から、デジタル化・システム化に関して解説しました。3 章ではその次のフェーズとして、「**データは集めたけれど、何に使えばよいかわからない**」という状態から、「**自社のビジネス課題に対してデータを活用できる**」状態への変化を目指します。データの可視化や集計を軸に活動する「データ分析チーム」を据えて、社内のさまざまなビジネス課題に対して支援できる体制を目指します。本章の内容に取り組むことで、社内に蓄積されたさまざまなデータを、データ分析チームを介して、ビジネス現場に活用することが可能となります。

　表 3.1 にこのフェーズを完了した組織が目指す姿と、そのために必要となるケイパビリティを挙げます。

目指す組織像：集計・可視化を中心としたデータに基づく議論・ビジネス提案ができる組織

表 3.1　データ分析フェーズが完了した組織の状態

ケイパビリティ	組織の状態
課題発見力	**データ分析に基づく課題発見が可能な状態**。業務担当者へのビジネス課題のヒアリング、仮説構築、データの集計・可視化、施策提案などを中心とした社内でのある種のコンサルティングが展開できる。自社理解、顧客理解、競合理解についてもデータ分析の中で知見を深めている。
人材力	集計・可視化を中心とした**データ分析チームが設立**されている状態。デジタル化だけでなく、データの集計・可視化や業務ヒアリングによる仮説構築に基づき、ビジネス課題を把握、改善提案できる（ただし、データサイエンスチームはまだない）。

データ力	データ分析に必要なデータが精査され、**プロジェクト単位でのデータレイクの構築など、データが集計可能な状態**。全社横断のデータ基盤の議論も開始・一部着手されている。なお基本的には自社内のデータの蓄積・整備のフェーズであり、グループ会社間のデータ連携にはまだ未着手。
施策力	IT技術、データ分析技術の両方の観点から各種社内のビジネス課題に対して施策提案ができる状態。ビジネス部門とも長年の信頼関係の構築により、良好な協力関係が築けている。集計・可視化を中心としたデータ分析により、**1週間〜1ヶ月といった期間でのPDCAサイクルを構築できる**（ただし、データサイエンスによる予測結果に基づく意思決定や、AIモデルを施策への適用はできていない）。

　なお、状況に応じて、さらなるケイパビリティの蓄積と分析チームとしての実績を必要とし、本章の内容は早くても3〜5年をかけて積み上げていくことになります。

「データ分析」のメリット

　本書の「はじめに」では、データで話す組織のメリットについて解説しました。データで話す組織が取り組むことになる「データ分析」に注目すると、以下のようなメリットが挙げられます。

- 事実に基づく客観的な観点から意思決定ができる
- 隠れた傾向やパターンを発見し、未来の動向予測や問題の早期発見ができる
- 適切なリソース配備による業務の効率化や最適化ができる
- 顧客ニーズや市場の動向を把握し、新規商品開発やサービス改善ができる

　データ分析の文化が浸透した組織は、個人の経験や勘に頼った判断が減ります。例えば、以下のような特定のスタッフやベテランしか知り得ないようなノウハウや技術が数字によって一般化されます（図 3.1）。これによって、経験の浅い新人をはじめ、多くのスタッフが一定のクオリティをもって業務にあたることが可能になります。

- 営業でたくさんの契約を獲得する方法
- ベテランのみが知る、売上が期待できる商品やカテゴリを見極める方法
- イベント、または季節に影響する需要の増減
- 特定のスタッフしか知り得ない商品の製造方法

図 3.1　データ分析による一般化の例

ベテランや特定のスタッフが知り得ていた情報

- 営業で契約を多く獲得する方法
- 売上の良さそうな商品や種類
- 季節的な需要の増減
- 経験や技術が必要な商品のような製造方法

→ **データ利活用による一般化**

- 業先の売上や利益状況、感度（商材興味）を数値化
- 商品毎やジャンルごとの売上や購買傾向を数値化
- 月、週、日単位での売上を数値化
- 製造レシピを数値化

　データ分析に取り組むメリットは大きいですが、想定以上のコスト（人件費、データ分析基盤やデータ分析ツールなど）が必要になることがあ

ります。大がかりに始めて失敗するよりは、着実に成果を積み上げられるスモールスタート（小さい規模で始められる）をおすすめします。

なぜスモールスタートが望ましいのか

リスクをとることができれば大規模にデータ分析を始めてもよいのですが、うまくいった事例は多くありません。スモールスタートが望ましい理由は、リスクを最小限に抑えつつ着実な成果が得られるためです。以下にスモールスタートのメリットを挙げます。

- 失敗や誤った方向性に進むリスクを最小限に抑える
- 余分なコストをかけず、効率的なリソース配分ができる
- 早期に成果を得られる
- 意思決定やプロジェクトの改善が早い
- 新しい技術やツールを試しやすい
- 小規模プロジェクトで得た知識（技術や計画）を大規模プロジェクトに活用できる

スモールスタートでプロジェクトを進めるときの規模感としては、期間を3ヶ月程度（ほとんどの会社で、四半期での業績見直しが多いため）にします。また分析担当者は2〜3名以下の体制がコミュニケーションロスが少なく望ましいです。分析テーマの選定方法については、「3-1 分析テーマの選定」に記載します。

データ分析チームづくりのアプローチ

本章は、2章で蓄積されたデータを有効に活用し、4章のデータサイエンス施策に向けて、基礎となる重要な章です。分析チームの役割は、4章「AI・データサイエンス」のフェーズで取り組むことになる統計・機械学習などの技術を使うことに注目されがちですが、まずは「ビジネス現場との対話力」「仮説の構築力」「データの集計・可視化による裏付け」といったスキルが重要です。3章では主にこれらに関するケイパビリティの蓄積を目指します。

　また、このフェーズでは必ずしも初手から高度な分析技術を駆使する必要はなく、一般的に利用されているビジネスフレームワークを用いて課題を分解し、現場で丁寧にヒアリングすることが重要です。まずはヒアリング、仮説構築、可視化によって、大きい粒度で課題の全体感をつかみ、改善を試みます。筋の良い分析テーマと仮説であれば、集計・可視化でも多くの課題を解決できます。それらを実施したうえで、さらにそのテーマの深堀り・効率化を行う必要があるとなれば、次章で扱うデータサイエンスの領域に着手するとよいでしょう。

　多くの場合、分析チームと各種事業を担当するチームは別です。分析チームは各事業部門の担当者と良好な関係を築き、「データの集計・可視化スキル」を生かすことで各事業部門の支援を行います。本章では、BIツールの用途やデータ理解・整備などについても解説します。

　また、効果計測のための定量化を行うことで、施策が適切に課題に対してアプローチできているか、どの程度効果があったのかを客観的に捉えることが必要です。本章ではこれらの具体的な方法について説明します。また、せっかく施策が望む結果となっても、関係者に適切に伝わらなければ、一度きりの取り組みで終わってしまい、継続的なものとはなりません。関係者に説明する際に注意したい点についても説明します。

　なお、このフェーズをスキップして一足飛びに4章の内容に取り組む（もしくは指示が下る）組織も多いのですが「データから何かしら分析結果は出たものの、現場の肌感覚と一致せず、納得感が考えられない」「その結果、分析したものの現場の協力が得られずに、施策実行まで進めない」といった状況に陥ることが多いようです。これらはいずれも、他部署とのコミュニケーションや構築した仮説の確からしさ、また分析チームに対する現場担当者の信用・信頼の蓄積に起因する問題です。対策としては分析チームの中だけで課題について考えるのではなく、現場担当者との定期的な情報交換・議論を通して、分析結果と現場の肌感覚に大きなギャップがないかを確認します。時間をかけて現場担当者との信頼関係を構築する重要なプロセスです。また本章では専任者を配置して組織内でデータ分析の文化を継続的に育てる必要があることも解説します。

　表 3.2 に各節に対応するケイパビリティと、各節の内容を実行すること
で組織に期待されることを示します。

表 3.2 本章に取り組むことで得られるメリット

節（ケイパビリティ）	得られるメリット
3-1 分析テーマの選定（課題発見）	複数のテーマの中からどの分析テーマを選ぶべきかがわかる。特に目標と背景の理解、データの把握、成功の定義についての確認が重要であることがわかる。
3-2 類似事例の調査と比較（課題発見）	社内外の類似事例を参考にし、なるべく落とし穴を避けて分析プロジェクトが推進できる。また必ずしも斬新なアイディアが重要ではないことがわかる。
3-3 ビジネスフレームワークの活用（課題発見）	各種ビジネスフレームワークを利用することで、効率的な課題の整理や議論ができるようになる。
3-4 データ分析チームを構成する人員（人材）	専門家が不在で分析をはじめるとき、BI ツールを利用するとき、さらなるデータ活用といった各状況に応じて必要なデータ分析人員の概観を掴むことができる。
3-5 兼任担当者から専任へ（人材）	分析チームの専任者の重要性と必要なスキルについてわかる。

3-6 データ理解とデータ整備（データ）	そもそも分析用のデータが無かったり、データ整備 (前処理) の工程に多くの時間が必要であることがわかる。また組織の中で同じ用語 (例：売上、コンバージョン) の意味が異なる可能性があることがわかる。
3-7 定常モニタリングと BI ツールの用途（データ）	BI ツールによる定常モニタリングの必要性や導入初期の使い方、運用上の注意点についてわかる。
3-8 データの伝え方（施策実行）	データ分析の結果の説明には相手の立場や視点に合わせた言葉の難易度の調整が重要であり、また分析者は議論の円滑化や施策立案に向けた働きかけが大切であることがわかる。
3-9 効果の計測（施策実行）	施策をやりっぱなしにするのではなく、キチンと効果測定することが重要であることがわかる。5W1H の観点での効果測定や、施策の効果が誤差レベルの単なる偶然の結果と区別するために検定というテクニックがある事がわかる。

　各ケイパビリティの優先度を示すために Step ごとに明示します（図 3.2）。Step1 では本章で必要となる基本的な考え方について把握します。その後、Step2 では、分析テーマに応じて深掘りの調査や分析チームの組成、BI ツールの導入といった経験を積み上げることで、次章で扱う「データサイエンス」の活用に向けた土台を固めます。

　データ分析チームを立ち上げて間もないころは、兼任の担当者が多いでしょう。このような状態であれば「3-4 データ分析チームを構成する人員」の節を、ある程度成果が出てきたタイミングで「3-5 兼任担当者から専任へ」の節を読むと参考になるでしょう。またデータ分析チームをマネジメントしていると、当初想定していなかったさまざまな問題が発生します。事業計画通りに進まない、他部署と連携できない、担当者が辞めるなどのケースです。これらへの対策についてはコラム「データ分析チームを待ち受ける問題」で解説しています。始める前には見えなかった問題を 1 つずつクリアしていくことで、経験とノウハウを蓄積し、「データで話す組織」に近づくことができます。

図 3.2　データ分析チーム組成へのアプローチ

Step1	Step2

| 課題発見 | 3-1 分析テーマの選定 | |
| | 3-3 ビジネスフレームワークの活用 | 3-2 類似事例の調査と比較 |

| 人材 | 3-4 データ分析チームを構成する人員 | 3-5 兼任担当者から専任へ |

| データ | 3-6 データ理解とデータ整備 | 3-7 定常モニタリングと BI ツールの用途 |

| 施策発見 | 3-8 データの伝え方 | 3-9 効果の計測 |

　データ分析チームを設立できた組織は、以下のような会話をしているかもしれません。

上長

先ほど社長から急ぎの依頼がありました。この商品の全国の支店別売上について知りたいのですが、3 日後の会議までにまとめてもらえませんか。特定の地域だけ売上が急増しているかもしれません。

担当者

もちろん対応可能です。データ分析チームが BI ツールを整備してくれていますので、全国の数字だけでなく、各支店の業績やさらに関連する情報も会議中でも 5 分とかからず任意の軸で深掘り可能です。

上長

これは便利ですね。会議の時間も有効に使え、意思決定のスピード・質も上がりそうです。

担当者

はい。ただ我々の力ではリアルタイムの現状把握はできても、まだ予測モデルの構築には至っていないんですよね。データサイエンスを用いれば、さらに高度な意思決定ができるようになるかもしれません。

それは理想的だね。データの集計・可視化・BI ツールの構築ができたら、データサイエンスや AI 技術にもチャレンジしてみよう。

上長

3-1 分析テーマの選定

課題発見

油井 志郎

キーワード 分析テーマ選定、テーマ選定の準備、テーマ選定のポイント

データ分析に取り組んで間もないときは複数の分析テーマの中から何を選定すべきか困ることがあります。このとき、難しいテーマを選択して失敗するよりは、成功の可能性が高いものを選ぶことも重要です。本節では、テーマ選定の準備や選定のポイントについて解説していきます。

テーマ選定の準備

効果的かつ着実な成果を得るために適切な分析テーマを選定することが重要です。適切なテーマは分析チームの目標と関連性が強く、成果をもたらす可能性が高まります。テーマ選定を検討する際には、以下の3つの点を意識して準備をしてください[1]。

- 目標と背景の理解
- データの把握（存在するデータの状況と質や量）
- 成功の定義

1つめに、データ分析の土台は、「目標と背景の理解」です。目標を共有することで、チームの進む方向が明らかになります。測定可能で具体的な成果が把握できる内容を目標に設定します。また、取り組むことになるデータ分析の背景を理解することで、分析の動機が明らかになります。チームの課題と目標との結びつきが背景理解を通して明確になります。

2つめに、「存在するデータの状況と質や量」を把握することで、分析

---

[1] テーマ選定の準備のために行うデータ基礎集計に関しては、本書では詳細にふれません。詳細については、大城信晃 監修・著, マスクド・アナライズ、伊藤徹郎、小西哲平、西原成輝、油井志郎 著「AI・データ分析プロジェクトのすべて」（技術評論社 , 2021）の「第7章 データの種類と分析手法の検討」を参照してください。

の実行可能性を見積もることができます。データの状況がわかれば、対象となるデータを新たに取得する必要があるのかを判断できます。データの質はデータの信頼度ともいえ、欠損値や外れ値の有無、データの整合性などをチェックします。分析する対象に必要な量があるのかがわかれば、信頼度が高い分析ができるのかが評価できます。データの存在、質や量は、適切な分析テーマ選定において重要です。データ把握の詳細については、本章「3-6 データ理解とデータ整備」で解説します。

　3つめの「成功の定義」は、目標にそった定量的な数値や基準を定義し、結果や結果をもとにした達成度を客観的に判定できる形にします。分析の進捗と得られる成果が適切な管理下に置かれることで、データ分析の価値を生み出すためのガイドラインが確立されます。

　これらの3つの観点から、分析テーマをまとめて、検討・比較をしましょう。表 3.3 は一例です。

表 3.3　分析テーマ選定用の表の例

目標	背景	データの状況	データの質	データの量	成功の定義
売上増加	売上伸び鈍化と競合他社との競争激化	過去 5 年間の月次売上データがある	欠損なし	豊富(多い)	3 ヶ月以内に前月比で売上 10% 以上増加
顧客満足度向上	最近の顧客クレーム増加や評価低下	過去 1 年間の顧客アンケートデータが利用できる	欠損なし	適切	1 年以内に顧客満足度評価スコアを前年比で 5 ポイント向上
製品品質改善	顧客からの不良品クレーム増加	製品不良率の過去 6 ヶ月データが利用できる	欠損なし	適切	半年以内に前年同月比で製品不良率を 10 ポイント以上減少
会員数増加	競合他社との競争激化で会員減少傾向	会員登録数の過去 1 年間データがある	3% 程度欠損あり	豊富(多い)	3 ヶ月以内に前年同月比で会員減少率を 5 ポイント以上減少

分析テーマ選定のポイント

　ここまで分析テーマの選定における準備について解説しました。この他にもデータ分析の効果を最大化するための、テーマ選定のポイントがあります。以下に4つのポイントを挙げます。

- 組織でのニーズの考慮
- インパクトの大きさ
- スキルや人員リソース
- 自身の本来の業務に近い、もしくは同じジャンルのテーマ

　取り組むべき分析テーマは、所属する組織の目標と同じ方向性もしくは、一致していることが重要です。組織が解決したい課題や達成したい目標を理解し、データ分析がそのニーズへどのように貢献できるのかよく考えましょう。

　分析結果が組織に対して、どの程度のインパクトを与えるのか意識して検討しましょう。同じコストや労力でインパクトが大きいテーマがあれば、そのテーマを選択しましょう。インパクトが大きければ、その後の組織の変革は勢いに乗り、個々のデータを活用した施策の効率を向上させる可能性を高くします。

　データ分析に必要なスキルや人員リソースを考慮する必要もあります。現状で十分なスキルを持っているのか、新たにスキルを身につける必要があるのか、リソースは足りているのかを意識して、実現可否を視野に入れて検討しましょう。

　自身の実務経験や関連が強い分野を選定することで、これまでの知識が活きることがあります。ビジネス理解に基づいた分析は、良い結果につながる可能性が高くなります。自身がまったく理解していない分析テーマを選ぶ場合は、その業務担当者にヒアリングを行い理解を深めましょう。

　これらの4つのポイントを押さえて分析テーマを選定することにより、より効果的で成果の高いデータ分析が可能となります。

　本節では、分析テーマの選定に必要となる準備と選定のポイントにつ

いて解説しました。分析に取り組んで間もない時期は、本節の内容だけ
では、具体的にどのような分析テーマを選定すればよいかイメージしに
くいかもしれません。そこで、「付録 A 分析テーマ集」に業界別に分析テー
マの例を紹介しています。同じ業界だけでなく、他の業界のテーマなど
も選定の参考になるかもしれません。

3-2 類似事例の調査と比較

課題発見

小西　哲平

キーワード ドキュメント、成果の見込み、分析アプローチ

「2-4 アクションのためのの情報収集」では一般的な情報収集の方法について述べましたが、課題や施策を検討するうえで、より詳細な類似事例の調査が必要になります。類似事例は近いところであれば社内から、また競合などの事例も公開情報になっていれば入手することができます。事例の成功、失敗を参考にしながら自社の現状や課題との違いを明確にして、独自のアプローチを決定しましょう。

社内の類似事例の調査

　社内の類似事例を調査するには、自社で同様のデータ分析プロジェクトを実施した部署があれば、その部署に問い合わせ、ヒアリングするのが手短な方法です。また、会社全体の方針として、過去の事例を公開可能な範囲で**ドキュメント**にまとめておくことで、問い合わせへの対応がスムーズになります。

　以下のようなことを記録しておくと、類似プロジェクトを受け持った際に同じ失敗を繰り返さず、良い筋道を最初から選択できます。

Check

目的と課題

取り組み概要

データの種類、量

課題に対する解析方法、コード

アプローチするうえでどういう点が大変だったのか、どのような工夫を行ったのか

人員構成

こうした事例の蓄積は会社の強みになります。社内類似調査の整理の例を以下に示します（小売でのマーケティングのケースを想定）。

社内類似調査レポート

目的と課題
　これまではチラシ配布しか行なっていなかったが、LINE などを使った広告効果を確認したい

取り組み概要
　試験的に数店舗で LINE 機能を使った広告を導入。会員カードとの連携を通して、LINE の友達登録を行なった顧客の属性と紐付け。広告閲覧率と売上との相関を解析

データの種類、量
- 広告内容
- 広告配信期間
- 配信広告数
- ターゲティング配信の応答率
- 対象店舗の売上データ

課題に対する解析方法、コード
- 対象期間、対象店舗における広告配信と商品売上の相関を解析
- 前年同月との比較を行うことで、LINE 広告による影響のみを抽出できるように解析を実施
- 解析コード：GitHub リンクを記載
- 解析結果：ファイルのリンクを記載

アプローチするうえでどういう点が大変だったのか、どのような工夫を行ったのか

　1回目の実施において、施策期間と近隣で音楽イベントが重なってしまい、来店者数全体が増加してしまい、ノイズになってしまった。再度、イベントがないことを確認し、ノイズ要素を除いたうえで、再度施策を行なった。ノイズ要素を事前に洗い出しておくべきであった。また、1回目の施策では、LINE 導入者数自体が少なく、効果を明らかにするほどの結果が出なかった。2回目の施策では、十分に LINE 導入者数があることを確認したうえで、施策を行い、効果を明らかにした。

人員構成

PM（プロジェクトマネージャ）：○○

店舗担当者：□□、△△

解析担当者：●●、■■、▲▲

社外の類似事例の調査

　社内に類似事例がない場合でも、同じような課題に取り組む人は世界を探せばどこかにいるものです。筆者が社外で類似事例を調査する際には以下を参考にします。

- 専門雑誌（マーケティング、ライフサイエンスなどターゲットとする業界紙）を調査
- 論文調査

　専門雑誌には分析アプローチやビジネス上の成果などが記載されており、実務面で参考になります。例えば、購買情報をもとに顧客のクラスタリングを行い、商品をレコメンドするという事例で、設定されたクラスタ数や、どのようなレコメンドの出し分けを行ったかなどが確認できた

とします。さらに「その結果 X% のコンバージョン向上した」など、具体的な成果が記載されていることもあります。類似事例による**成果の見込み**を見積もっておけば、プロジェクトの貢献度も把握できるため、クライアントとのコミュニケーションも具体化でき、そのアプローチを選択する理由も説明しやすくなります。

　論文の場合は、具体的な**分析アプローチ**の調査に役立ちます。キーワードから課題や手法を検索し、定番から最新の分析手法まで一通り把握したうえで、今回の課題にフィットしたものを選択します。これにより分析手法の検討が明確になり、仮に A の手法でうまくいかなかった場合に B の手法を採用するなど、選択肢が増えるためプロジェクトの成功確率を高めることができるでしょう。

　プロジェクトがはじまってから関連事例を調査していては時間がかかるため、日頃から業界動向や技術トレンドを調査しておく必要があります。

プロジェクトとの比較と検証

　既存事例を調査した後に、進行中のプロジェクトと何が違うかを明確にしてください。公開されている情報は表面的なものが多いため、厳密な比較は難しいですが、確認できる範囲で比較しておくことは価値があります。確認する項目は、前項の社内事例の調査と同じ項目を確認するようにしましょう。

> **Check**
>
> 目的と課題
>
> 取り組み概要
>
> データの種類、量
>
> 課題に対する解析方法、コード
>
> アプローチするうえでどういう点が大変だったのか、どのような工夫を行ったのか
>
> 人員構成

　同じような事例の成功を確認したので、今回のプロジェクトにも適用できると決めつけるのは危険です。前提条件やデータセットがすべて同じとは限らないため、鵜呑みにしてはいけません。まず既存プロジェクトとの違いを把握しましょう。例えば、データ量、種類の違い、求められている精度などを比較しましょう。次に、既存事例に沿って分析を進めながら、うまくいった部分、いかなかった部分を精査しましょう。うまくいかなかった部分については、別の事例を調査して、現プロジェクトに適した方法がないかを検証しましょう。

　社内外の類似事例を参考に、現プロジェクトに取り入れるアプローチがないか調査してみましょう。そのうえで、オリジナリティが出せる部分がないか考えてみましょう。

斬新なアイデアを出すことは必ずしも重要ではない

　誰もやっていないアイデアを思いつくことは非常にまれですし、誰もやっていないのには理由があることが多いです。予算がかかりすぎたり、時間がかかりすぎる、実施したが効果が出なかったなど、何かしらのハードルがあって実施できていない可能性が高いです。まずは既存事例にならって施策を行い、そこから読者の方の課題に特化した施策にカスタマイズしていくのが得策です。既存事例を試すことで、その効果をベンチマークとして今後行う施策と比較することもできます。

3-3 ビジネスフレームワークの活用

【課題発見】

小西　哲平

キーワード ロジックツリー、3C 分析、SWOT 分析、カスタマージャーニーマップ / ファネル分析

課題の発見や施策を検討するうえでビジネスフレームワークはとても役立ちます。都度フレームワークに落とし込むことで全体像を整理することができますし、必要な観点の抜け漏れも減らすことができます。本章ではビジネスフレームワークのうち、データ分析に活用可能なものをいくつか紹介します。

ロジックツリー

　ロジックツリーは KGI や KPI を整理する際に有効です。まずは最終的なゴールを定め、それがどのような要素から成り立っているかを 1 つずつ階層に分けて落とし込みます（図 3.3）。ロジックツリーで抽出したそれぞれの要素は施策を実施する際の指標としても利用できます。

図 3.3　ロジックツリーの例

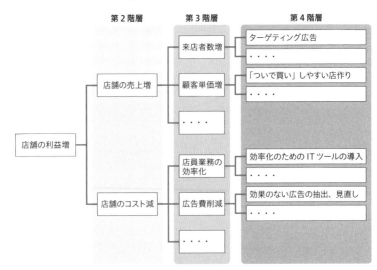

3C 分析

　3C 分析と呼ばれる有名なフレームワークがあります（図 3.4）。顧客（Customer）、競合（Competitor）、自社（Company）に分けて、自社を取り巻く環境を整理することができます。顧客のニーズを把握するとともに、自社の立ち位置を理解できます。これにより効果的な施策を検討することができます。

図 3.4　3C 分析の例

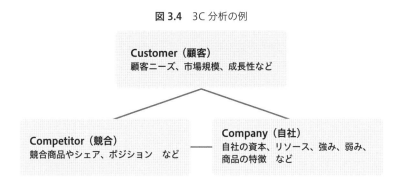

SWOT 分析

　Strength・Weakness・Opportunity・Threat の頭文字をとって、SWOT 分析と呼ばれる手法です（図 3.5）。自社の置かれた環境をより深く理解し、戦略を立てます。2 章で実施した取り組みにより、定量的に記載できると、戦略の具体性が増します。例えば、隣接する地域に競合の小売が出現し、売上が X% 減少したなど、競合の出現前後での環境変化を定量的に捉えることで、どの程度の目標値を設定すればいいかを議論することができます。

図 3.5　SWOT 分析の例

	Strength	Weakness
Opportunity	機会×強み 拡大する市場において、高い技術力があり、他社にはできないサービスの提供が可能なため、一度導入頂いた企業は長く利用していただける。	機会×弱み 市場成長性は高いが、認知度が低い。機会損失が起きている。
Threat	脅威×強み IT 技術者の人件費高騰。現在の技術者の能力を、新人に共有することで育成体制を整える。	脅威×弱み 業界認知度が低いため、即戦力が採用しにくい。メディア露出を増やし、人材を確保する。

カスタマージャーニーマップ / ファネル分析

　一般消費者向けのサービスを実施している場合、既存サービスを理解するためにカスタマージャーニーマップが利用されます（図 3.6）。どのようなプロセスで顧客が流入しており、どの時点で脱落しているかなど、ビジネス上のボトルネックを明確化できます。また、施策の効果を定量化するうえでも、どのタイミングでどのようなデータを取得すべきかも整理することができます。

図 3.6　カスタマージャーニーマップの例

フェーズ	認知	興味・関心	比較・検討	購入
ユーザーフロー	ソーシャルメディア ウェブ広告	自社サイト	・問い合わせ ・キャンペーン ・他社サイト比較	・購入を決断
ユーザーのインサイト例	・商品を知らない	ウェブ広告を見てどのような商品かを確認	類似サービスと比較 費用対効果を知りたい	商品の詳細を確認 活用事例を確認

　同様にファネル分析も最終的な購買につながるまでの推移を理解するのに役立ちます（図 3.7）。カスタマージャーニーは顧客の心の動きも含め

て一連の流れを理解できますが、ファネル分析はそれぞれのフェーズにおいてどの程度離脱したかを定量的に捉えることができます。どのフェーズの顧客にどのような施策を打てば、どの程度効果があるか、という施策のインパクトも測れます。

図3.7　ファネル分析の例

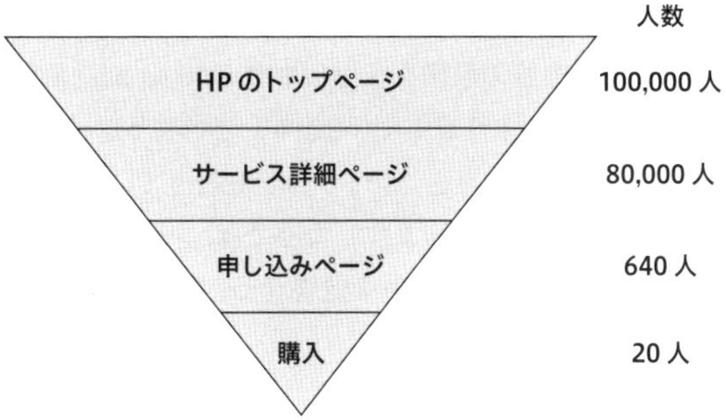

	人数
HPのトップページ	100,000人
サービス詳細ページ	80,000人
申し込みページ	640人
購入	20人

フレームワークはあくまで道具

　フレームワークはあくまで道具であり、すべての課題や施策をこのフレームに当てはめなければいけないわけではありません。自社の課題や施策を整理するために使うことができれば十分なので、まずは適したフレームワークを選択し、得られている情報をインプットしていきましょう。その中で追加で必要な情報も見えてきますし、明らかになっていない部分も洗い出されます。都度フレームワークを更新しながら、自社の現在地を確認するようにしましょう。

　フレームワークの適用例としては、「3-8 データの伝え方」で解説するようなデータ関係者に説明する際に用います。施策の位置付けを3C分析、SWOT分析を行なうことで他者にも意義を伝え安くなりますし、カスタマージャーニーを使い、顧客の購買に至るタイミングのどこに影響を与えることができるのか、を説明できるようになります。また、効果の見込みについてもファネル分析を行うことで、どの程度の売上増が見込めるのかを定量的に説明できます。

3-4 データ分析チームを構成する人員

人材

油井　志郎

キーワード 必要人員、スキルセット

データに基づいて議論できるようになった組織は、何となく検証や施策の検討を行っていたときよりも、失敗の原因を把握しやすくなり、成功の再現性が高まることで、さらにノウハウがたまりやすくなります。このような状況を迎えると、次節で解説するように、これまで兼任でデータ分析を行っていた担当者が専任化し、データ分析チームが組成されていきます。本節では、データ分析チームが成長する各過程における人員の組み合わせの一例を紹介し、職種ごとの特性やスキルセットについて解説します[2]。

データ分析チームの人員

データ分析関連のスキルを持つ人材は需要過多のため、かんたんに採用できるわけではありませんし、はじめから揃っている必要もありません。ここでは、分析チームが組成され、成長していく過程で、どのような人材を迎えていくのがよいのか、その一例を紹介します。

分析チームが立ち上がった段階では、他の業務との兼務から始まることがほとんどです。セールス担当やプランナーが Excel などのツールを使用して、データの現状把握・集計を行うことが多いでしょう。業務実績を作りながら、次節で解説するような専任担当者に転換できるタイミングをうかがいます。データ量が多くなってくると、データ分析基盤の整備を検討することになりデータエンジニアが必要になります。もしくは、社内にエンジニアがいて、データ抽出や加工、データ基盤を整備す

---

[2] 本節で解説していく職種の役割はあくまで一例です。組織によって兼務することももちろん考えられます。データ分析チームに関連する人材についての詳細な解説は、本書「4-3 データ分析人材のスキルセットと獲得戦略」や次の書籍を参考にしてください。ゆずたそ，渡部徹太郎，伊藤徹郎 著「実践的データ基盤への処方箋」（技術評論社，2021）

る知識を備えているのであれば問題ありません。データエンジニアとデータを理解して分析できる人材が1〜2名いれば、データによる現状把握を推進できます。

データ基盤が整備され、データ分析に取り組んでから数ヶ月から1年ほど経過すると、BIツールを使用した定常モニタリング[*3]を検討することがあります。このとき、アナリティクスエンジニアがいると円環に進めることができます。データエンジニアに加えて、アナリティクスエンジニア、データアナリスト、プロジェクトマネージャがいれば、定常モニタリングをもとに組織の状況を把握できます。

BIツールを使用して定常モニタリングができるようになると、データ活用ができている部署とできない部署の二極化が発生し、組織継続のためにさらなるデータ利活用を推進することになります。このタイミングでは、データストラテジストを採用できると円滑に進みます。

各過程で発生する課題を解決するためにいくつかの職種が登場しました（図3.8）。以下では、職種ごとの特性やスキルについて解説します。

図3.8　組織のタイミングごとの人員

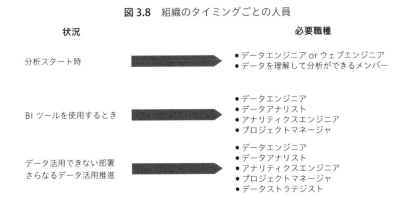

状況		必要職種
分析スタート時		● データエンジニア or ウェブエンジニア ● データを理解して分析ができるメンバー
BIツールを使用するとき		● データエンジニア ● データアナリスト ● アナリティクスエンジニア ● プロジェクトマネージャ
データ活用できない部署 さらなるデータ活用推進		● データエンジニア ● データアナリスト ● アナリティクスエンジニア ● プロジェクトマネージャ ● データストラテジスト

[*3]　定常モニタリングについては「3-7 定常モニタリングと BI ツールの用途」で解説します。

データ活用のための
橋渡し役のような人員が
各過程で必要

データ分析基盤の追加開発と保守

　前章、もしくは本章フェーズで導入することになるデータ分析基盤は、想定した通りに運用できるものではありません。使用しているデータを保守しながら、新しくデータを取得するには追加の開発を行うため、データ基盤に対する専門的な知識を持つ人材が必要です。新規データを取得できるように開発できる人材がいなければ、新たな施策を行ってもそのデータを得られません。また、既存データの保守を行う人材がいなければ、データを取得するシステムが停止して欠損やバグが入り込むようなエラーに気付けず、定常モニタリングで正しいデータを取得できていなかったということになりかねません。

　データエンジニアは、データ分析基盤やビッグデータの扱いに詳しいエンジニアです。データ分析用のクラウドサービスや分析基盤システムの新規開発、保守などの役割を担います。企業によっては定常モニタリングなどの開発などにも携わります。

分析結果をビジネスに活用

　現状の議論から一歩進んで、データ分析による新たなビジネスを検討する場合、2つの知識がこれまで以上に必要になることがあります。1つめは「ビジネスに関する知識」です。この知識はプランナー経験を持つ人材がいればそれほど問題になりません。2つめに「データを活用してビジネスに貢献する知識」です。この知識は、データ分析経験とともに統計や可視化（集計やグラフ）に関連する知識が必要です。これらの知識を持つ人材がいなければ、データ分析の結果を、定量的ではなく定性的な要素によって解釈する傾向が強まります。データに基づいた施策検討を行ってないため、施策が成功してもどのような影響をもって成功としたのか、失敗しても何の数値を指して失敗したのか理由を説明できず、振り返りができません。施策の良し悪しを判断する根拠が定性的ということは、例えば売れ筋商品の売上30%アップを想定して施策を検討したが、実際は3%アップにしかならないといった大きな乖離を引き起こしかねません。

　データアナリストは、データ分析の結果をビジネスに紐づける役割を担います。データアナリストが在籍していると、他部署と連携をとりながら業務を進めることができるため、データ分析のプランニングがスムーズに進みます。

BI ツールの保守と開発

　BIツール[*4]を使用して議論をする環境が整うと、データ分析基盤と同様に保守や追加開発に人材を必要とします。BIツール環境が保守されていなければ、例えばグラフや表が管理しきれないほどの膨大な数になり、見る機会がない指標が存在する、把握したい図表を探すのに時間がかかる、最新のデータへの更新に時間がかかるといった問題が発生します。追加開発においては、機能の検討や必要性の検討を怠ると使いづらいものができあがりますし、既存の図表と同じものが作られるような無駄なコス

[*4]　BIツールの運用については、「3-7 定常モニタリングとBIツールの用途」でも解説します。

トが生じます。

　アナリティクスエンジニアは、データエンジニアとデータアナリスト
の中間に位置するようなスキルを持ち、BI ツールの活用に特化したエン
ジニアです。BI ツール関連の定常モニタリングやデータ分析基盤周辺の
開発、運用などの役割を担います。BI ツール利用者との連携を行いなが
ら業務を進めます。

プロジェクトや人員のマネジメント

　データ活用プロジェクトが増えていくにつれてマネジメントにかかる
コストも増えます。マネジメントを怠ると、同じような議論が別々にさ
れていたり、似たようなプロジェクトが存在したり、スケジュール通り
に進まなかったりと、さまざまな問題が発生します。

　こうした局面では、**プロジェクトマネージャ**によるマネジメントが必
要です。プロジェクトマネージャは、プロジェクトの予算・進行・人員・
課題管理などの役割を担います。データ分析にフォーカスすると、マネジ
メント能力に加え、データやビジネスに関するドメイン知識、ビックデー
タを扱うためのクラウドサービスの知識、課題に適用する技術的知識（統
計、機械学習）のように多方面にわたる最低限の知識が求められます。

データの活用を推進

　社内でデータ分析がある程度定着すると、データを利活用している部
署やチームがある一方、まったく活用していない、もしくはうまく活用
できていない部署やチームの存在も明らかになり、組織に二極化が発生
します。この問題を放置すると、さらに両者の活用度合いの乖離は大き
くなっていくため、気づき次第対応の検討が必要になります。

　データストラテジストは、組織内でのデータ活用戦略の策定や実行な
どの役割を担っていることが多いです。ビジネス目標に基づき、データ
の収集、分析、活用方法を戦略的に計画し、組織全体でのデータ駆動型
文化を推進します。

図 3.9 に組織の課題を解決するのに適した職種をまとめます。

図 3.9　課題とその課題解決のために適した職種

課題		職種
データ分析基盤の新規開発と保守	→	データエンジニア
データ分析結果の活用や大容量データの加工、集計	→	データアナリスト
BI ツールを活用したモニタリング	→	アナリティクスエンジニア
プロジェクトの進行管理	→	プロジェクトマネージャ
組織のデータ活用戦略検討・推進	→	データストラテジスト

いま起こっている問題や今後起こりそうな問題を踏まえて、必要な人員を把握して採用を行っても、想定しているスキルの人員を雇用できないことがあります。その際は、外部人材や社内の教育などを検討して人員リソースの調整を行いましょう。

3

データ分析チームの組成

3-5　兼任担当者から専任へ

人材

油井　志郎

キーワード　データ分析専任、兼業

データ分析チームの初期の担当者は、データ分析専任ではなく他の業務と兼任していることが多いでしょう。本節では、データ分析専任で業務を行うことのメリットを解説し、専任化の例を紹介します。

データ分析専任担当者の必要性

　データに基づいた意思決定を推進する企業であっても、データ分析専任の担当者が在籍していることは珍しく、他の業務と兼任する担当者を配置してチームを組成することが多いでしょう。しかし、こういった状況では、以下のようなさまざまな問題が生じます。

- データ分析業務を行う時間がとれず、計画通りにプロジェクトが進まない
- 外注業者にすべてまかせてしまうため、社内にノウハウが蓄積できない
- 技術的な知識不足のため、プロジェクトの進め方がわからない
- 決裁権の所在が不明確なため、プロジェクトが進まない

　その他にも、組織内であっても文化やルールが違うことで、担当者が疲弊してしまうことがあります。たとえプロジェクト発足時に優秀な人を担当者に選んでも、精神的・肉体的な疲労、知識不足、組織のルールによる制約などが原因となり、数年経過しても成果が出ないことがあります。その結果、プロジェクトは撤退や縮小に追い込まれてしまいます。こうなる前に、専任担当者へ移行することを検討しましょう。筆者の経験上、以下のようなプロセスにそって専任化していくことが多いです。

Memo
データ分析業務の成果を確認
データ分析業務の専任化を社内に周知
既存業務の引き継ぎや整理
データ分析業務の整理（専任者の業務を検討）
データ分析業務の目標設定や評価設定
データ分析業務をメイン業務に変更
データ分析業務の専任化を社内に周知

3

データ分析チームの組成

専任者のスキル

　業務兼任だった担当者がデータ分析業務専任に突然変わることはありません。プロジェクトの状況や、担当者のスキルの定着状況などを考慮して専任へと移行していくことが一般的です。専任へ移行するには、データ分析業務で一定の成果が必要になります。期間としては、半年〜1年程度の分析業務の結果を見て判断することが一般的です。具体的には、データ分析を行い、施策の成否を定量的に評価できて、かつデータ分析の結果をもとに施策を検討できるスキルがあれば十分です。ここまでできる人材がいれば、さらに経験を積めるように、専任化することを検討しましょう。最初から、データを活用してPDCAサイクルを回し、各種数値を改善してもらうような高い水準を求めるのはアンチパターンです。現実的に可能な目標を設定したうえで、評価を行い、移行しましょう。

　専任担当者に求められるスキルを以下にまとめます。

Memo

コミュニケーションスキル：他部署やチーム内で、問題解決のために必要なデータを提案する能力。データから課題を見つけ出し、解決策を提案するなどデータ分析観点を用いたコミュニケーション能力

分析スキル：ロジカルシンキングや基礎的な統計、データ加工などのスキルと課題解決などの能力

プロジェクトマネジメントスキル：プロジェクトを管理する能力。実行するデータ分析内容の精査や管理、スケジュールの管理などの能力

専任化のメリット

　専任者を置くことで兼任では行えなかったデータ分析を実行できるようになります。専任化のメリットを3つ挙げます。まず1つは、専任の役割に集中することで、計画的に業務を進行ができるようになり、決裁を得るコツを学習することでプロジェクトの進捗がよくなります。その他にも兼任時よりも効率的なスケジュール管理が可能になり、業務多忙による疲労なども軽減されます。2つめに、経験が蓄積されることで、より専門的な分析ができるようになります。探索的なデータ分析や多変量解析、スポット分析[*5]など、難易度が高く時間がかかるからこそ専任者が求められるような分析にも対応できる可能性が増えます。3つめに、生産性が上がることで、ビジネス貢献のサイクルが回ります。兼任ではできなかった改善策の実施や、さらにそこから新たな知見の獲得・蓄積が可能になります。

　業界ごとにデータの利活用の状況は異なりますが、データで話す組織を作るためには、データ分析専任者が不可欠でしょう。データ分析に力を入れている企業では、早い段階からデータ分析の部署を構え、10名以上の専任者が在籍しているということも少なくありません。取り組む課題によって、適切な人数は変わりますが、データ分析専任者が数名いるチームをつくることが理想的です。1名ではプレッシャーがかかる一方で、単に投入できる時間が少ないため、期待する結果が見込めないこともありえます。複数人で協力しながら取り組んでもらうことをおすすめします。

3

データ分析チームの組成

---

*5　スポット分析については「3-7 定常モニタリングと BI ツールの用途」で解説します。

3-6　データ理解とデータ整備

データ

油井　志郎

キーワード 基礎集計、データ理解、データ整備、前処理、名寄せ

データ分析において、データ理解とデータ整備は、正確な分析をするために必要となります。データ理解ではデータに関する認識の齟齬を解消し、データ整備ではデータを使いやすい形に整えます。これらのプロセスが連携することで、高品質な分析が可能になり、よりよい意思決定や施策の策定を支援します。本節では、基礎集計の必要性やこれらのプロセスを行うにあたって起こる問題とその解決方法を紹介します[6]。

基礎集計の必要性

　データ理解を進めるには、まずデータの基礎集計を行うことが必要です。データの基礎集計では、使用するデータの集計や可視化を行うことで、データに問題がないかを確認するとともにデータの傾向を把握します。具体的には、どのようなカラムがあるのか、欠損や重複などがないかを確認します。基礎集計を怠ると、分析に使用したデータが 90％欠損していたり、想定している項目と違う項目を使用して分析したりといった理由で、時間をかけて改善施策などを検討したとしても、期待する結果にならないことがあります。データの基礎集計は、分析の前に必ず実行するようにしましょう。

---

[6]　データ理解の技術的な詳細については、大城信晃 監修・著 , マスクド・アナライズ、伊藤徹郎、小西哲平、西原成輝、油井志郎 著「AI・データ分析プロジェクトのすべて」（技術評論社 , 2021）の「第 7 章 データの種類と分析手法の検討」を参照してください。データ整備の技術的な詳細については、ゆずたそ・渡部徹太郎・伊藤徹郎 著「実践的データ基盤への処方箋」（技術評論社 , 2021）の「第 1 章 データ活用のためのデータ整備」を参照してください。

組織内の認識の違い

　同じ言葉であっても、部署によっては算出するロジックや実際の数値が異なることがあります。以下は「売上」の例です。

- 営業部では、純粋な売上（商品単価 × 売上個数）
- 経営企画部では、人件費を差し引いた売上（商品単価 × 売上個数 − 人件費）

　他にも「コンバージョン」が指すものが資料請求なのか購入なのかや、「ユーザー数」が会員のみの数なのか、非会員を含めた数なのかといった例も挙げられます。他部署と共同で行う施策や、数値で会話しているときに、実は認識にズレが生じたままプロジェクトを進めていることがあります。分析を始める前に、部署ごとの算出ロジックや、単語が別の意味で使われていないかを確認することが必要です。具体的には、各部署で使用しているレポート（Excel や BI ツールなど）を並べて検証します。分析チームが横串の形態（社内の複数の部署を横断的にやりとりするチーム）をとっていれば、第三者目線で確認できるので、スムーズに進むことがあります。

分析したいデータの質と量を把握していない

　分析に必要となるデータの項目や分析したい期間のデータを取得・保有していないために、望む分析ができないことがあります。このような問題が発生する場合は、事前に保有しているデータの質と量の2つを把握する必要があります。データベースシステムが構築されていれば、一般的にはテーブルを定義した資料が作成されていることが多く、データの質や量をかんたんに調べることができます。しかし、データ分析に用いるテーブルは、分析者が望む分析によって必要とするデータがその都度変わるうえ、扱うテーブルの数が多いので、保守を考えればそのすべてを想定して設計することはありません。そのため、分析のためのテーブル定義が存在しないだけでなく、更新されていないこともありえます。このとき、あらかじめ定常的にモニタリングしているデータの項目やスポット分析で用いたデータの項目などをまとめておくと、データの把握に役立ちます。日付をつけて、以下の項目をまとめておくことをおすすめします。[7]

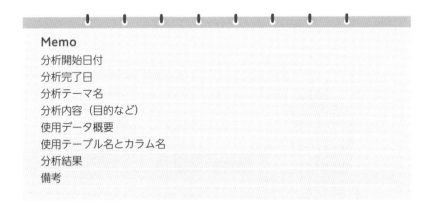

Memo
分析開始日付
分析完了日
分析テーマ名
分析内容（目的など）
使用データ概要
使用テーブル名とカラム名
分析結果
備考

　まずはこのように簡易的な方法でデータを把握します。データがない、

---

[7]　定常モニタリングとスポット分析については「3-7 定常モニタリングと BI ツールの用途」で解説します。

量が少ないことが判明したら、把握した内容をもとに新たにデータを取得しましょう。データを取得する方法として、基幹システムから取得する項目を追加する、手書きなどのアナログデータをデジタル化するなどが考えられます。また、外部から購入できるデータであれば、データの購入を検討しましょう。

データ形式をそろえるための時間がかかる

　データ分析環境が整備されていないと、データが複数のシステムに散在し、データそのものの形式が異なることがあります。このような状態では、データを分析に利用できる形に整えるために多くの時間がかかります。その結果、課題の発見、改善、結果の検証といったデータを活用するプロセスすべてに余計な時間がかかります。これを解決するためには、データ分析用の環境整備を進める必要があります。具体的には、分析用のデータベースやテーブルを作成することで、分析を行う担当者がデータにアクセスしやすい環境を作ります。さまざまなシステムに散らばっているデータを1つのデータベースに格納しましょう。データ活用においては必須なので、時間、予算ともにコストがかかりますが、データベースの導入を検討しましょう。

データの前処理、名寄せができていない

　データをそのまま分析に使用することは難しく、前処理や名寄せといった加工が必要です。**前処理**とは、月次や日時での集計、データの欠損や不要な文字を含むデータの処理などを指します。前処理を行わずに分析を進めると、誤った分析結果が導き出され、それに基づく施策が台無しになるおそれがあります。**名寄せ**とは、異なるサービスやシステム間で、同一ユーザーが異なるIDで登録されている場合に、共通化することなどを指します。名寄せを行わないとサービスやシステムをまたいだ分析ができないことがあります。名寄せ済みのデータを作成するには、サービス間で同一のユーザーIDが照合できるマスターデータを用意する必要があります。マスターデータがなければ、氏名・住所・電話番号・メール

アドレスなどの情報を使用して ID の照合を行い名寄せ済みのデータを作成するような方法が考えられます。分析担当者が分析に集中できる環境を作りましょう。

　部署間の認識やシステムの環境の違いなどにより、上述したような問題が生じることがありますが、運用のフェーズになるとスムーズに進められることもあります。まずはルールやシステムの導入を行い、3 ヶ月程度様子を見て、問題なければそのまま進めて問題があれば改善を行い PDCA を回しましょう。

3-7 定常モニタリングと BI ツールの用途

データ

油井 志郎

キーワード 定常モニタリング

定常モニタリングは、ビジネスの状況を数値で把握し、問題を早期に発見する目的で用いられます。定常モニタリングには BI（Business Intelligence）ツールが用いられ、データを収集し、視覚的なダッシュボードやレポートを通じて、多様なデータを簡単に分析できる機能を備えます。本節では、定常モニタリングの必要性、BI ツールのメリットや導入時期、運用上のポイントなどを解説します。

3

データ分析チームの組成

定常モニタリングの必要性

　施策改善のためのビジネスフレームワークとして一般的になった PDCA サイクルを回すためにも、まずは定量的なデータを用いた議論が必要です。ここで用いる定量的なデータの中にも、日々確認が必要な項目、月単位で確認する項目、特定の目的で確認が必要な項目などがあり、それぞれのサイクルでデータを見ることになります。EC サイトを例にとると、以下のようなデータ項目を確認します[8]。

　日ごとに確認が必要な項目は以下です。

- アクセスユーザー数
  サイトにアクセスしたユーザー数（合計人数、ユニークな合計人数）
- 購入ユーザー数
  商品（サービス）ごとの購入ユーザー数（合計人数、ユニークな合計人数）
  会社で扱っている商品全体の購入ユーザー数（合計人数、ユニークな合計人数）
- 購入金額
  商品（サービス）ごとの購入金額（合計）
  その会社で扱っている商品全体の購入金額（合計）

---

[8] 年単位で確認するような項目もあります。

- 購入商品数など
  商品（サービス）ごとの購入個数（合計）
  その会社で扱っている商品全体の購入個数（合計）

以下は月ごとに確認が必要な項目です。

- 月間のアクセスユーザー数
- 月間の売上
- 月間の販売商品ランキング
- 月間の購入ユーザーデモグラフィックなど（年齢や性別など）

　日ごと、月ごとのように定期的にデータ項目を確認する**定常モニタリング**は、人間の健康診断で知られる各指標と同じようなものです。末期の状態でデータを把握しても改善が難しいことがあります。ビジネスにおいて、重要なデータの確認を怠ると、改善の機会を逃してしまい、実害が生じてしまうかもしれません。

　BI ツールは、データのフィルタやソートがかんたんにできるだけでなく、可視化機能が充実しているため、定常モニタリングに適しています。自社で定常モニタリングできるシステムが構築されていれば問題ありませんが、なければ BI ツールの導入をおすすめします。データ確認にコストがかかるということは、施策改善や課題発見の遅れにつながるだけでなく、データ利活用の支障となります。

日々確認が必要な項目　　　　健康診断と同じ　　　　定常モニタリングが
　　　　　　　　　　　　　　　　　　　　　　　　　問題の早期発見につながる

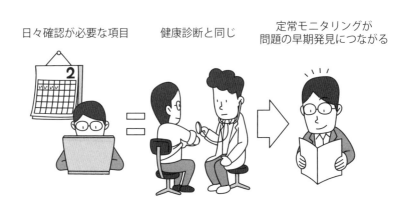

BI ツールのメリットと導入のタイミング

定常モニタリングを行なうためのモニタリングのシステム開発や保守には、膨大なコストがかかることがあります。だからといって、システムを構築せずに手動でデータ集計やグラフ作成を続けてもコストがかかります。ここで BI ツールのメリットをあらためて考えてみましょう。

- リアルタイムでデータの確認ができる
- データの処理を自動化できる
- 複数のデータソースを利用できる
- さまざまなグラフやチャートによるわかりやすい表現ができる

コスト以外にもさまざまなメリットがあることがわかります。データの確認に時間がかかれば、施策改善や課題発見の遅れにつながります。データ利活用の大きな障害といえます。データ分析チームが組成され、組織内でデータ分析に関心を持つメンバーが増えると BI ツールがデータ利活用の推進を強力に支援することがあるため、導入を検討しましょう。最初から BI ツールが用意されていることもありえますが、以下のような状況にあればスムーズに導入できます。

- 週 1 回などの定常レポートが定着したタイミング
- 新規で定常モニタリングを開始するタイミング

BI ツールの学習コストが必要になるデメリットもありますが、すでに独自のシステムで、定常モニタリングを行っているのであれば、コストなどを比較して BI ツール導入の検討を行いましょう。

BI ツール運用のポイント

企画や営業など多様な職種の人が BI ツールを使用してデータの理解を深め、社内に BI ツールが広く浸透すると、生じる問題があります。利用が進むにつれて、用途が不明なダッシュボードやグラフ、クロス集計などが増加していきます。これによって、知りたい情報を探しにくくなったり、

BI ツールのパフォーマンスが低下し、表示に時間がかかったりするといった問題です。対策としては、1 年に一度しか確認しないような利用頻度が低い項目や、利用者が少なく重要性の低い項目などを削除の対象にして、半年を基準に見直します（図 3.10）。

　より詳細な項目やイレギュラーな項目を把握したい場合は、スポット的な分析を行うことになります。スポットで確認される項目としては、上述した EC サイトを例にとると以下が挙げられます。

- 施策に対する KPI
- セグメントごとの購買傾向など（RFM 分析）

　スポット分析は、課題をヒアリングし、要件定義や高度なデータ加工の技術を必要とするため、専任の担当者を置くことが望ましいです。

図 3.10　BI ツールのダッシュボードの要素を見直す

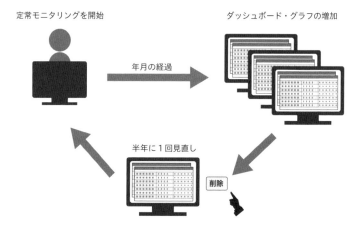

データの伝え方

施策実行

小西　哲平

キーワード 関係部署の特徴、関係者への影響、言葉の難易度、グラフ

ビジネスには多くの部署が関わっており、単にデータをそのまま数値として提示するだけでは、業務内容や前提とする IT 知識が異なる人には十分に伝わらない可能性があります。そこで、関係部署の業務内容を把握したうえで、相手に伝わるようなデータに翻訳する必要があります。また、そのデータに基づき何が課題なのか、どのような施策提案ができるのかを考えたうえで、資料化し、他部署との議論を進めていきましょう。

データを翻訳するために求められるスキルセット

データを伝える側としては大きく以下のスキルセットが求められます。

1　データを整理するスキル
2　課題や施策に関連するメンバーの特徴を理解するスキル
3　メンバーの特徴に合わせて伝え方を調整するスキル

データを整理するスキルの必要性については「3-6 データ理解とデータ整備」で述べましたが、ここでは整理されたデータに基づきどのようにコミュニケーションをとるかという 2、3 について詳しく説明します。

関係者の特徴を理解する

まずは**関係部署の特徴**を整理し、データの示し方を検討しましょう。同じ部署の中でも役職や専門性によって IT に関する知識も異なるため、実際の会議での議論をイメージしながらまとめることがポイントです。

ここでは、ある小売企業の ID 付 POS データ（会員カードが顧客に付与されており、会員 ID で誰がいつ何を買ったか把握できる購買データ）

の解析を例に、資料のまとめ方を説明します。ある小売企業は ID 付 POS データを用いたマーケティング施策を考えており、店舗ごとに適した商品の陳列を行いたいと考えたとします。まずは、陳列の最適化を行ううえで関係者を列挙しましょう。今回は図 3.11 のような関係者がいると仮定します。実際はもっと複雑ですが、本節では簡素化してこのような仮定を置いています。商品を仕入れるバイヤーはどの商品を導入するかを決定するとともに、店舗側に最適な陳列になるように依頼します。また、関係者は社内のみならず、社外にも存在し、商品によってはメーカー側から販促支援が得られる場合もあります。

　関係者の列挙ができたところで、それぞれの置かれている部署に求められていること、役職、専門性を整理します。ここでは下記のような立場（業務上の役割や関係性）であったとします。

- バイヤー：全店舗の総売上を上げることが目的であり、売れる商品を仕入れ、店頭の陳列を指示する。
- 店舗：店舗の売上を上げることが目的であるが、陳列にかかる作業負担も考慮に入れる必要がある。また、顧客と最も近い存在であることから、顧客満足度も重要。時期や客層に応じて店舗ごとに店長の裁量で陳列する商品のラインナップ変更を行う。
- メーカー（外部）：自社商品がより売れるように販促ツールを導入したり、陳列について小売側に依頼を行う。

図 3.11　関係者の整理（小売店の例）

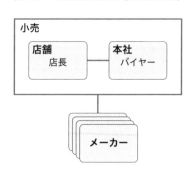

伝え方を考える

　関係者ごとの立場が整理されたところで、課題発見や施策提案を行う際の伝え方を考えます（表3.4）。データを伝えるには大きく以下のポイントがあります。

- データを伝えた際の関係者に与える影響を意識する
- データを伝える際の言葉選びを意識する
- グラフを用いるなど相手にとってわかりやすいデータの表現方法を意識する

　例えば、ID-POSデータを解析することで、シャンプーが週末に売れる予測結果を得たとします。そこでシャンプーを週末が近づくと陳列数を増やす施策を考えたとします。これをそのまま店舗側に伝えると、店舗としては店員の作業負担が増え、現場からの反感を買うだけでなく、陳列対応にかかる時間が増え、顧客対応にかけられる時間が減り、顧客満足度も低下する可能性があります。また、販促支援を行なっている別メーカーからも反発があるかもしれません。

　施策を提案する前に、前項で洗い出した立場をもとに、施策を実施した際に関係者に与える影響をしっかりと検討し、実現可能性を精査してから伝えましょう。実現可能性が低い提案を続けると関係者との信頼関係が薄れてしまい、できることもできなくなってしまいます。関係者に与える影響として考えることとしては、大きく下記2点になります。

- 関係者の役割（店舗売上増など）に対してプラス／マイナスに影響するか
- 関係者の負荷（労働量や精神的負担など）は増えるのか

　これらを鑑みて、検証期間だけでなく、検証後も継続的な施策として実施できるかを確認するようにしましょう。

表 3.4　関係者の整理（小売店の例）

会社	部署	役職	対象者	役割	データに関する理解	施策に関する伝え方案
自社	店舗	店長	Aさん	店舗の売上増、店員の満足度向上 など	高	本施策によって店舗への売上は XX% 期待されます。導入コストは XX 円ですが、店員への負荷はほとんどありません。
	店舗	店員	Bさん	店舗の売上増	中	売上が XX% 増加することが期待される施策です。作業内容は毎週 X 曜日に XX の作業を行っていただきたい。期間は XX までを試験期間として設定しています。
自社	本社（商品部）	部長	Cさん	商品の売上増	高	店舗 X で検証したあと、売上 XX% が達成できた場合、他店舗展開も可能です。年間で商品の売上が XX% ほど上がることが期待されます。
	本社（商品部）	担当	Dさん	商品の売上増	中	・・・・
外部	メーカーA	部長	Eさん	商品 A の売上増	高	・・・・

　例えば、データ分析を再度行い、ある程度長いスパンで陳列効果が出そうな特徴を探したり、各社メーカーの販促期間を考慮したうえで最適化する手法を検討するなど、各所に配慮した形で提案できるように努めましょう。細かな部分では、説明する相手の管轄や IT リテラシーによって説明に使う**言葉の難易度**を調整して、正しく伝えたいことが伝わるように心がけましょう。IT にそこまで詳しくない方に、難しい IT 用語を使ったり、細かなデータの集計処理の話をしても論点がぶれてしまうことがあるので、わかりやすいよう配慮した説明をしましょう。

　単なる数値の羅列ではなく、**グラフ**を使うことで視覚的に相手に伝えることができます。前月比、前年比など比較したいものを並べることで、

差分を明確に伝えることができます。ただし、グラフの表現方法を誤ると、相手に誤解を与える可能性もあるため慎重に検討しましょう。実は差があまりないものも、グラフの縦軸を変更するだけで大きく差があるように見せることもできてしまいます。

また、提案を行う場合だけでなく、課題を発見する場合も同様で、それぞれの立場を考慮したうえで、何が課題かを議論していく必要があります。ある立場の人にとっては課題でないものも、別の立場の人にとっては課題であることも多く、どの人の目線で課題を議論しているかを念頭に置いて議論するようにしましょう。

「3-3 ビジネスフレームワークの活用」に記載のフレームワークを活用することで、関係者の理解を促すこともできます。フレームワークを用いて、どの課題にアプローチしようとしているのか、なぜその課題解決なのかを整理して伝えたうえで、具体的な目標値、期待される効果を定量的に伝えることで、関係者に納得感をもって参加してもらうことができます。これによりチーム一丸となってアクションを起こすことが期待されます。伝え方が悪く関係者が納得感をもっていないと、単に伝えるだけで終わってしまうので、伝え方を工夫し、しっかりと納得感をもってもらいアクションまでつなげるようにしましょう。

データ分析担当者は関係者の間に入る仕事

データ分析担当者が関わる仕事の多くは、複数の関係者が存在します。その中でいかにデータに基づき課題を発見し、施策に落とし込むかが腕の見せ所です。そのためには、データにのみに向き合うのではなく、各関係者と関係性を築き、立場を理解することが重要なスキルになります。

効果の計測

施策実行

小西　哲平

キーワード　5W1H

3

データ分析チームの組成

　行った施策の効果を定量化することが重要なのは言うまでもありません。単に定量化といっても、どのような立場で効果を捉えるかによってさまざまな視点が考えられ、その視点によっては正しく効果を捉えきれないこともあります。本章では、効果の定量化にあたって、押さえておきたいフレームワークについて解説します。

定量化の際に考えるべき 5W1H

　施策の効果を考えるうえで、**5W1H** というフレームワークで考えると定量化で押さえておくべき観点が抜け落ちにくくなります。まずは定量化において考えるべき 5W1H の観点を表 3.5 にリストアップしました。

表 3.5　5W1H を用いた定量化の観点

5W1H	説明
Why	定量化の目的は何か
What	定量化の指標は何か
Who	（人が対象となっている場合）誰を対象とした定量化か
Where	（地理情報がある場合） どのエリア単位で定量化するか
When	どのタイミング、周期で定量化するか
How	どのような方法で定量化するか

　以降、それぞれ解説していきます。

Why、What

　そもそも定量化の目的を見失ってはいけません。何を目的に行った施策なのか、そのためには何の指標で示すべきかを考える必要があります。

　例えば、小売の売上を上げるマーケティング施策を行ったとして、売上の増加量のみを前月比で計測するだけでは不十分です。近隣で大型のイベントがあり、来店者数が増えているため売上が伸びている可能性もありますし、夏休みなど季節性のもので売上が変動している可能性もあります。「実施した施策の効果」が適切に測定できるよう、関連する要因のデータも取得する必要があります。施策を行なった後でデータを取り直すことは難しいため、過去に取得できているデータを使いながら計測可能か検証しておきましょう。現段階で取得できていないデータがある場合は、関連部署と交渉し、効果を説明できるように測定計画を立てておきましょう。もし自社のメンバーだけで計画を立てるのが困難な場合は、外部アドバイザーを頼るなど、正しく検証できるかチェックすることが肝心です。

Who

　人が対象となっているような施策の場合、計測対象を明確にしておく必要があります。例えば、高齢者向けのチラシキャンペーンを打ったとします。その場合、ID-POS データで高齢者に絞り、高齢者の売上を計測したとします。ただ、ID-POS データだけでは、その高齢者が実際にチラシを見ているのか、見ていないのかまでは計測することができません。そこで、より効果を定量化するために、一部の高齢者にアンケートをとることで、チラシの閲覧率を確認するなど、「誰が効果測定の対処なのか」を明確にして定量化を行う必要があります[*9]。

Where、When

　地理的、時間的な粒度も検討する必要があります。地理的な情報でいえば、店舗、地域、市、県などの範囲をまとめて集計するかによって効果の見え方も異なります。ある店舗だけで行った施策にもかかわらず、地域や市単位でしかデータがないのであれば、いくら定量化できても効果測定としては不十分です。

　時間的な情報でいえば、分、時間、日、月など、どの単位で集計すれば施策の効果測定として適切なのかが変わります。例えばチラシを配ったとしても効果が続くのは数日で、月単位で集計してしまうと他の要因等によってチラシのみの効果を把握できなくなってしまいます。

How

　上記の 5W を検討したうえで、現状の測定方法で定量化できるのか、追加でデータ取得の方法を検討する必要があるのかを考えなければいけません。現状で取得できているデータのみで無理に効果測定を行わず、あるべき定量化を考えたうえで、必要に応じて追加の定量化方法を導入し

[*9] 補足：チラシ配布数が十分で、かつ来店者数が大量にいる場合はビッグデータ分析により閲覧率を無視して施策効果を計測することはできる可能性はありますが、小規模な施策の場合は精緻な解析が必要になります。

3

データ分析チームの組成

ましょう。

定量化して終わりではなく検定を行う

　前項の手法にしたがってマーケティング施策の定量化を行い、100 万円の売上が 120 万円に上がったとします。これは施策が成功しているといえるのでしょうか？　たしかに施策の効果により 20 万円売上は上がっていますが、「本当に差があったのかどうか（統計用語では有意な差と呼びます）」はこれだけではわかりません。たまたま 20 万円上昇しただけで、この程度の変動は日常的に起こっており、誤差の範囲かもしれません。

　それを明らかにするためには、過去の売上データと照らし合わせて「検定」を行うことが重要です。検定を行うことで、施策の効果を本当の意味で測ることができます。数字が単に上がった下がったで一喜一憂しないように心がけましょう[10]。

---

[10]　検定について学びたい方は、こちらの本がおすすめです。向後千春 , 冨永敦子 著「統計学がわかる」（技術評論社 , 2007）

データ分析チームを
待ち受ける問題

油井　志郎

3

データ分析チームの組成

　データ分析を組織に浸透させていく中でさまざまな問題が発生します。本節では、分析チームの成長と存続を実現するための戦略について一例を解説します。

組織継続における問題

　多くの企業では、まずはデータ分析チームが組成され、その後に部署化されるというストーリーで組織づくりを進めています。実際にこのようにすると、さまざまな問題が発生します。分析チームを継続するためには、即効性のある解決法があるわけではなく、継続的な働きかけと戦略的なアプローチが必要です。以下に組織体としての継続を試みるときに持ち上がる問題と、その解決方法の例を挙げます。

Memo
事業計画通りに進まない（人員や目標など）→社内育成や社外へ依頼、少しハードルを下げて目標を立てる
他部署と連携しながら、結果を出せない→トップダウンに委ねる、結果を出しつつ信頼を得る
他部署を説得できない→定性的な言葉を定量値に変えて説明する
採用を行うが退職してしまいチームとして成り立たない→希望する分析テーマに近づける、チャレンジを評価する

　それぞれ詳しく解説していきます。

事業計画通り進まない

　事業計画に則り、必要な人員を計画して、採用を始めたとしましょう。ところが、求める人材を採用できなかったり、採用できてもスキル不足で実施したいプロジェクトとミスマッチが起きたりすることがよくあります。また、新しい組織は未知の領域に取り組むことになるため、事業計画において無闇に高い目標設定を置いてしまい、目標の達成ができなくなることもしばしばあります。

　必要な人員の採用とスキルのミスマッチに関しては、社内での人材育成や採用強化で改善する方法もありますが、「2-7 外部人材の活用」でもふれたように最も迅速な手段は社外へ依頼することです。近年、データを扱う人材の需要が増しており、求める人材を確保するためには、他の職種よりも時間[11]を要します。これを念頭に置いて、採用計画を立て、事業計画を見直しましょう。

　達成目標に関しては、社内での知見（データ分析関連）が貯まるまでは、計画を立てることが難しいため、目標のハードルを下げるような工夫と周囲への説得が必要でしょう。

他部署と連携できない

　データ分析チームが単体で施策の改善を完結することは難しく、別の部署と連携することがほとんどでしょう。新しいチームを受け入れる文化がある企業であれば問題ありません。しかし、組織の文化によっては、新しい取り組みに批判的だったり、保守的だったりすることが考えられます。

　他部署との連携に問題がある場合は、トップダウンに委ねるアプローチと、結果を出しつつ信頼を得るアプローチがあります。トップダウンアプローチについては、部署間連携の障害を解消したり（データ分析部署と他部署のドメイン知識の差を埋めるための研修を行うなど）、トップ

---

[11]　データサイエンティストの有効求人倍率は 2.77 倍（令和 4 年度）
　　　厚生労働省の職業情報提供サイト「jobtag」https://shigoto.mhlw.go.jp/User/Occupation/Detail/323/

自ら連携の指揮をとったりするといった解決方法が考えられます。信頼を得る方法としては、他部署からデータに関連する依頼があれば、成果に結びつかない業務でも可能な限り引き受けることが考えられます。また、データに関連する相談がないかヒアリングを行い、挙がった相談に着実に対処することで少しずつ信頼を得て、業務を遂行しやすい関係性を築きましょう。

他部署を説得できない

　施策を検討する際に、データに基づいた結果を参考にしてはいるものの、定性的な解釈が多く説得力に欠けることがあります。また、ドメイン知識が不足していることで、他部署と意見が食い違い、アクションにまで至らないことがあります。このままでは、データに基づいた施策の改善や新規ビジネスの立ち上げには至りません。

　定性的判断に対しては、まずは定量的に判断するためのデータを取得していくことが大切です。そして、「ほぼ」や「比較的多い」などの定性的な言葉を「75%以上」や「全体の8割以上」といった定量値に変えて説明できるように改善しましょう。以下は定量化の例です。

- 購入ユーザーの大半が男性である　→　例：購入ユーザーの83%が男性である
- 先月と大体同じ売上の推移をしている　→　例：先月と±5%以内で推移している
- 先週とほぼ同じ個数売れている　→　例：先週と同じく300個程度売れている

　ドメイン知識の習得のためには、例えば提供しているサービスを実際に利用することや、サービスをよく利用している知人からヒアリングなどを行うなど、ユーザー心理を理解する努力が重要です。その後、担当部署との改善案や課題をユーザー目線で話し、コミュニケーションをとりながらドメイン知識を増やし、認識の違いを埋める努力を行いましょう。

メンバーが定着しない

　採用が順調に進み、ある程度人員を確保できたとしましょう。ところが、

データ分析チームの組織全体への貢献が少なかったり、チームに対する評価が低かったりすることでメンバーのモチベーションが下がってしまうことがあります。また、メンバーの希望している分析テーマ[*12]と異なる業務が割り振られることもあるため、これを理由に退職してしまうこともあります。

　メンバーが希望している分析テーマと取り組んでいる分析テーマが異なる場合は、希望と近いデータやテーマの担当に変更するよう調整しましょう。また、経験が浅いメンバーには、経験豊富なベテランと一緒に業務にあたってもらい、経験にないような技術を習得することで、やりがいなどを見出してもらうような工夫も必要でしょう。

　チーム内の評価においても個人の評価においても、チャレンジ精神を評価する文化を醸成しましょう。データ分析を行うと、仮説とまったく異なる結果が出ることがよくあります。さまざまなプロセスにおいてどのような失敗があったのかを把握することは無意味ではありません。データ分析における成功は、数々の失敗の上に成り立っているものともいえます。チャレンジできる文化を作り、臆することなく業務にあたる姿勢を評価していくことが組織の成長につながります。

　データ分析チームの継続に取り組むことは、ほとんどの会社にとって未知の領域です。ここで言えるのは、他のチームの継続よりコストがかかることを念頭に置くことです。社内にデータ分析チームを浸透させるには覚悟が必要です。一歩一歩着実に進めていきましょう。

[*12]　例として、広告関連の分析を希望しているが、品質管理関連の分析を行っているなど

コラム　データ基盤の重要性

伊藤　徹郎

データ基盤への期待

　近年のビジネスシーンでは、企業におけるデジタル活用は一般的になったといえます。デジタル化にともなって創出したデータを効果的に活用し、既存の業務の改善や意思決定に活用する事例は多く存在しています。2010年ごろからビッグデータを扱える企業が増え、データサイエンティストに注目が集まりました。データサイエンティストによって、自社のデータを分析し、統計学や数学を駆使して、新たな価値創出をねらった企業も多く見られました。

　しかし、蓋をあけてみると、データを扱える人材を雇うだけでは、新たな価値創出どころか、満足に自社データの活用すらできないという実態が明らかになりました。データサイエンティストは、自社のデータ活用のために日頃から前処理に勤しんでおり、前処理にかかる時間は業務比率の80%を占めるとまでいわれていました。一方で、経営者は高い期待のもと雇ったデータサイエンティストが期待に見合わない成果を出すにとどまることをよしとせず、落胆してデータ分析チームを解体することなどもありました。

　企業における真のデータ活用とは、継続的に発生するデータを適切に取り扱い、その中で効果的に分析・解釈をし、意思決定に活用し、行動を変えていくことにあります。そのためにはデータを分析する人も重要ですが、システムとしてデータを整えるデータ基盤もまた重要です。近年ではデータ基盤の重要性が再注目されています。

　この流れにはもう1つの動きがあります。それはツールやナレッジの進化です。かつて、ITベンダによりデータを活用するためのETLツール（データを整形し、書き出す一連のプロセスを実行するツール。Extract；抽出、Transform；変換、Load；書き出し）やDWH（Data Ware House；デー

タウェアハウス）ツールがありました。しかし、どれも導入には高額な費用を要するため、手軽には使うことができませんでした。近年はクラウドサービスの進展もあり、手軽に多くの製品を使用できる環境が整いつつあります。

　また、データ活用の黒子として、データ基盤の開発者やデータ整備をする人が各社で存在していて、それぞれのノウハウが育っていましたが、このようなノウハウは陽の目を見ることはありませんでした。ところが、データ基盤の重要性が再認識された今、こうしたノウハウに注目が集まり、知見が共有されるようになってきました。新たなツールやノウハウに関する情報は非常に早く共有されるため、取り組む時期が遅れてもそうした恩恵を受けることができます。

データ基盤構築の出口戦略

　さまざまな進化を見せながら、取り巻く状況も変わりつつあるデータ基盤を操り、うまくデータ活用できている企業が増えているとはいえません。多くは、社内のデータを一元的に集めて分析するようなデータ基盤という How を優先させていて、その先にあるデータを活用して新たに価値創出していく部分がおざなりになっています。使われないダッシュボードや意味のわからないデータの集合、意思決定に活用されないレポートなどの事例は枚挙にいとまがありません。

　なぜ、こうした事態に陥るかといえば、自社のデータをどのように活用していくかという出口戦略がないままに、流行っているからと安易にデータ基盤やダッシュボードなどの How を作り始めてしまうからでしょう。

　本書におけるデータで話す組織についても、その状態は真なる目標の通過点ではありますが、価値創出や意思決定をどのように実施していくのかは話し合わなければ到底たどり着くことはできません。

ノウハウを取り込んだデータ基盤

　データ基盤を作ることに目を向けると、ある程度トップダウンで始めなければならない場面が多くあります。必要な体制を構築したり、予算

を獲得したりする必要があるからです。しかし、もっと重要なのは、日頃の業務における現場のノウハウをデータ基盤の実装に組み込めるかどうかです。日頃の運用を支えているのは現場のひとりひとりのメンバーです。そうしたメンバーがこのデータ基盤によって救われるように、さまざまな要件を組み込んでいく必要があります。

　例えば、ありがちなのは「自社のデータが散財しているから効果的に活用ができない」「すべてを一箇所に集め、統合的に分析すれば価値が出せるはずだ」といった掛け声で始まるデータ基盤構築のプロジェクトがあります。このケースはアンチパターンであり、データを一箇所に集めたところで、現場のノウハウが欠如しているため、何も価値は創出できないでしょう。

　現場のノウハウを取り込まないと、誤った方向性に進んでしまう可能性もあります。毎週定期的に更新される分析レポートがあったとしましょう。最初は、分析結果を取り込み、ビジネスに活用させていく姿勢は見られたかもしれません。しかし、それが継続的にメンテナンスされるようになり、定型のレポートとなって運用されていくうちに、時間の経過とともに誰にも見られない、活用されないレポートに成り下がる可能性があります。外部環境や現場のニーズが変化しても、レポート内容は同じように更新を続けるため、担当者が別の方法で対処することがあります。このように、データ基盤や分析レポートは作って終わりという考えでは通用せず、変化に対応できているかをチェックすることが重要です。

全体像を見据えて小さく始める

　データ基盤は企業のデータ活用の土台となる存在です。それゆえに、データの発生元から、そのデータの活用の出口までを一気通貫で見通しながら、作っていく必要性があります。先ほども指摘したように、まずデータを一箇所に集めるというような How からプロジェクトを始めてはいけません。この場合でも、一箇所に集めた結果、このようなデータの統合活用ができ、顧客に対してどんなメリットを提示できるのかを見通さないといけません。

　また、データ基盤を構築するだけではいけません、データ基盤が取り扱うデータにはさまざまな事情やノウハウが詰まっています。このような現場由来の意図を噛み砕いてデータを整備していかなければ、迅速な対応は困難となります。

　さらに、システムとデータだけではなく、これらを扱うために必要なヒトや組織に関しても考えなければなりません。ある日突然、データ基盤を担当するがなくなってしまったら、それを利用するユーザーは途方に暮れてしまいます。

　このようにシステム・ヒト・データの全体像を見据えながら、価値が出せる場所から活用の基盤を構築していくことが重要です。データ基盤の作り方や活用方法の詳細に関しては、本書ではふれません。詳細については、ゆずたそ・渡部徹太郎・伊藤徹郎 著「実践的データ基盤への処方箋」（技術評論社, 2021）を参照してください。

第 **4** 章

AI・データサイエンスの応用

本章に取り組むメリット

大城　信晃

目指す組織像

　3 章は「現場とのコミュニケーションによる課題抽出」「データの集計・可視化による意思決定支援」といったことを実行できる分析チームを構築しました。4 章ではいよいよ「データサイエンス」の活用に挑戦します。「データの集計・可視化」だけでは困難な課題に対して、高度なデータ分析を用いることで、「可視化ベースの大枠での分析」から「個別に最適化された分析」が可能になります。また、一例として多変量解析の手法を用いることで多くの変数から重要な要素を見つけ出すことや、予測モデルの構築、さらには MLOps による AI モデルの実運用といった「データを直接ビジネスに作用させる仕掛け作り」も可能となります。

　以下にこのフェーズに移行した組織が目指す姿と、そのために必要となるケイパビリティを表 4.1 に示します。

目指す組織像：データサイエンスを中心としたデータに基づく議論ができ、AI モデルの実運用ができる組織

表 4.1　AI・データサイエンスフェーズが完了した組織の状態

ケイパビリティ	組織の状態
課題発見力	データサイエンスを用いた課題発見ができる。各種データのモニタリングやビッグデータからの要因分析といった対応が素早くできる。自社の全体最適化に必要な分析テーマを発見できる。
人材力	データサイエンスチームが設立されている。Python や R、また各種分析ツールを使いこなす人材が多数在籍している。データの民主化に向けて社内のデータ教育体制も確立できている。AI モデルを実業務へ適用するため、MLOps のような取り組みが可能な人材が揃っている。

データ力	全社横断のデータレイクやデータウェアハウスが構築されている状態。部門ごとにサイロ化していた全社のデータは統合され、データ基盤の活用により全社員が各種指標を閲覧できる。自社内のデータにとどまらず、グループ会社とのデータ連携も視野に入れ、一定の進捗がある。ビッグデータが活用できる。
施策力	データサイエンスチームの活躍により、売上予測や各種要因分析に基づいた意思決定ができる。データ分析に基づく PDCA サイクルが現場にも定着しており、MLOps に取り組みながら、自社で構築した AI モデルを運用している。データを高度に用いた施策の立案ができる。

「データサイエンスの活用」へのアプローチ

本章では「データサイエンス」「AI 技術」のアプローチを通して組織を発展・独自に進化させるための基礎を解説します。

データ分析で継続的にビジネス価値を創出し続けることは難しく、プロジェクトの多くは PoC のような検証を行って終了します。この原因は

4

AI・データサイエンスの応用

明確な戦略や実行可能な戦力を整えずに、場当たり的にプロジェクトがはじまるためです。本章では、これを回避するために、必要な人材を獲得する方法や、戦略的にデータ分析が価値を発揮する方法を解説し、データサイエンティストのような専門人材の評価についても取り上げます。

　前章で行った BI ツールによる集計や可視化などのデータ活用と、統計モデルや AI・データサイエンスの技術を使ったデータ活用の一番の違いは、未来を予測することです。この予測技術をビジネスに活かすためには、予測結果が意思決定や施策に役立つ課題を考え、そのために必要なデータを適切に選ぶことが必要です。また統計や人工知能のモデルは一度作ったら終わりではなく、社会環境や人々の購買パターンの変化に応じて運用が必要になります。本章ではこれらについて解説します。

　表 4.2 に各節に対応するケイパビリティと、各節の内容を実行することで組織にもたらされるメリットを示します。

表 4.2　本章に取り組むことで得られるメリット

節名（ケイパビリティ）	得られるメリット
4-1 統計・AI モデルでできること（課題発見）	分類、予測、クラスタリングなどのタスクに対して統計・AI モデルが利用可能であることがわかる。
4-2 統計・AI モデル活用における課題設定（課題発見）	データサイエンスプロジェクトの進め方や 3 章までの集計・可視化と統計・AI モデルの違いがわかる。
4-3 データ分析人材のスキルセットと獲得戦略（人材）	データサイエンティストに求められる 3 つのスキル領域がわかる。また解決したい課題の明確化や必要に応じて外部の人員の力を借りたり、リテラシー人材の活用という打ち手があることがわかる。
4-4 育成のためのしくみづくり（人材）	経験豊富なデータサイエンティストは獲得が困難なため、自社での育成体制の構築が重要であることがわかる。
4-5 評価体系の構築（人材）	適切な評価体系の構築のアイデアが得られる。
4-6 AI・統計モデルのためのデータ選定（データ）	統計・AI モデルを構築する際に必要なデータについての概観がつかめる。
4-7 モデルの評価（施策実行）	基本的な評価方法やユースケースについて知ることができる。
4-8 MLOps（施策実行）	実運用に耐えうるモデルの構築手順やモデル精度の維持に定期的なメンテが必要なことがわかる。

　図 4.1 で各ケイパビリティに Step を設定し優先度を整理します。まず Step1 ではデータサイエンスの活用に必要な基礎的なトピックを扱います。そのうえで Step2 では発展系として、データサイエンス人材の評価や構築した各種モデルの安定運用のためのしくみづくりについて解説します。

図 4.1　「データサイエンス活用」のアプローチ

	Step1	Step2
課題	4-1 統計・AI モデルでできること	
	4-2 統計・AI モデル活用における課題設定	
人材	4-3 データ分析人材のスキルセットと獲得戦略	4-5 評価体系の構築
		4-4 育成のためのしくみづくり
データ	4-6 AI・統計モデルのためのデータ選定	
施策	4-7 モデルの評価	4-8 MLOp

4

AI・データサイエンスの応用

　AI・データサイエンスを応用できる組織では以下のような会話をしているかもしれません。

上長

先ほど社長が「データサイエンスチームが作ってくれた売上予測ツールが役に立った。とても感謝している。」と話していました。先週から特定の地域だけ売上が急増したことに対して、売上予測ツールによって事前にその予兆を検知ができたのですよね。これによって十分な在庫が確保できたので、以前は難しかった在庫切れによる機会損失を回避できました。

担当者

それは良かったです！　これまで長年取り組んできた DX プロジェクトの成果ですね。商品別の予測もできますし、どの変数が売上にどれくらい効くかもいまのところ定式化できています。ただ、いずれ競合がこの水

準までたどり着くことを考えると、いよいよ「我が社ならでは」の差別化領域に取り組む時期かもしれません。

上長

ここからがいよいよ DX による組織変革の本丸とも言えるね。この 10 年で培ったケイパビリティはこれから会社の差別化を考える際に大きな武器になると思う。次の 10 年に向けて、さらに高みを目指そう。

担当者

最近は「データ活用企業」として注目も集めていますし、採用も順調なようです。データを軸に改善の PDCA を回しながら、他社が真似できないユニークな取り組みを作っていきましょう！

統計・AIモデルで できること

課題発見

落合　桂一

キーワード　分類モデル、回帰分析、クラスタリング

前章では、データを収集して、集計や可視化を行って傾向をつかみ、その結果から施策を立案し実行するというデータ分析の一連のサイクルを回す中で蓄積すべきケイパビリティについて解説しました。本節ではその先に進んで、さらにどのようにデータを活用できるのかを見ていきます。

統計・AIモデルでできること

　集計や可視化から一歩進んだデータの活用方法として、統計モデルやAI（Artificial Intelligence；人工知能）・機械学習などの利用が考えられます。以降では、これらをまとめて統計・AIモデルと呼ぶことにします。ビジネスでよく使われる統計・AIモデルは、データをカテゴリに仕分けたり、データから数値を予測したり、似たようなデータをまとめたりといったことに応用されています。本節では統計・AIモデルでどのようなデータ活用ができるのかたくさんの事例を紹介し、統計・AIモデルの出力や、出力をどのような意思決定に活用できるかなど、活用イメージをつかんでもらうことを目的とします。

カテゴリに仕分ける分類モデル

　統計・AIモデルができることの1つとして、対象をデータに基づいてカテゴリに仕分ける**分類モデル**について紹介します。分類モデルは分類したい対象に関するデータをもとに、あらかじめ決められたカテゴリに仕分けます。分類の簡単な例として、身長に基づいて服のサイズを決めることを考えます。例えば、身長が150cmまでの人はSサイズ、151〜160cmはMサイズ、161〜170cmはLサイズ、171cm以上はXLサイズ

のように、数値に基づいてカテゴリに分けるのが分類モデルです。ただし、ここでは、151 ～ 160cm のような身長の区分（ルール）を人が決めていましたが、分類モデルではこのルールをデータをもとに決めることになります。分類モデルの内部では、対象を各カテゴリに割り当てる確率が計算されており、一番確率が高いカテゴリに分類されます[*1]。

　分類モデルが活用されている身近な例としては、迷惑メールの判定があります。過去に受信したメールに対する迷惑メールかそうでないかという情報（**教師データ**と呼びます）をあらかじめ人が分類モデルに与えてモデルを学習しておき、新たに送られてきたメールの送信元やタイトル、本文に含まれる単語から迷惑メールかどうかを分類します。分類するもとになるデータ（迷惑メールの例では送信元やタイトルなど）を**特徴量**と呼びます。

　その他の例として、静岡県のキュウリ農家では、キュウリをサイズごとに仕分ける作業を画像認識と呼ばれる技術を使って自動化し、話題になったことがあります[*2]。これはまさにキュウリという対象を、画像データに基づいて仕分けています。分類モデルを使った業界ごとの事例を表4.3に示します。分類結果そのものが役に立つ場合と、分類結果をもとに別途施策を行う場合があります。迷惑メールの分類は分類結果そのものが役に立ちますが、ユーザーを対象にした商品の購買予測は、以下のようにいくつかの活用方法が考えられます。

1　購買確率が高いユーザーは何もしなくてもおそらく商品を購入してくれるので、購買確率が低いユーザーに販売促進のクーポンを配布する
2　購買確率が高いユーザーにさらに別の商品も購入してもらうことを促すためセット割引のクーポンを配布する

　このようなケースでは、分類モデルの出力をもとに議論を行い、どのような施策を実行するかの意思決定をします。

[*1]　確率を計算しない分類モデルもあります。
[*2]　キュウリ農家とディープラーニングをつなぐ
　　　TensorFlow https://cloudplatform-jp.googleblog.com/2016/08/tensorflow_5.html

表 4.3　分類モデルでできることの事例

業界	事例	教師データ	特徴量
小売業界	ユーザーの購買履歴をもとに、他の商品を購買するかどうか予測する	過去の購買データ	ユーザー属性や購買した商品など
郵便業界	郵便番号を撮影した画像から数字を認識する	写っている数字	画像
製造業	製品の画像から不良品を検出（分類）する	不良品か良品かのラベル	画像
その他	メールの送信元やタイトル、本文に含まれる単語から迷惑メールかどうか分類する	迷惑メールかそうでないかのラベル	送信元、タイトルや本文の単語など

4

AI・データサイエンスの応用

数値を予測する回帰分析

　分類モデルと並んでよく使われる統計・AI モデルに、**回帰分析**があります。回帰分析とは、注目している予測したい数値を別の数値から予測するモデルや分析方法のことです。また、回帰分析にもいくつかの方法があり、数値を予測する以外に、信頼区間と呼ばれる予測の幅を出力することが可能な方法もあります。回帰分析が応用できるシーンはたくさんあります。例えば、ある店舗の 1 日の売上を曜日や天気、気温などいくつかのデータから予測することができます。分類モデルの迷惑メールの例では、迷惑メールかそうでないかという過去の情報を教師データに使うと説明しましたが、回帰分析では、予測したい数値（例えば、売上予測なら過去の売上の金額）のことを教師データと呼びます。分類モデルと回帰分析は、どちらも与えられた教師データを他のデータから予測・推定するという観点では同じ問題を扱っており、まとめて**教師ありモデル**と呼ばれることもあります。教師ありモデルでは、予測対象となる教師データと、特徴量がペアになったデータが必要です。統計の分野では、教師データを目的変数、特徴量を説明変数と呼ぶことが多いです。この教師データと特徴量のペアを大量に用意することで、データからルールを学習するのが教師ありモデルです。教師ありモデルである分類モデル

と回帰分析を図で示すと図 4.2 のようになります。図 4.2（1）の分類モデルでは、過去の購買データから他の商品を購入するかどうかを分類する例を示しています。別の商品を購買するかしないかを教師データ、年齢や過去に購入した商品数を特徴量とした分類モデルです。学習したルールは点線で表現しており、網掛けの領域に入ればある商品を購入する、そうでなければ購入しないと分類されます。図 4.2（2）に回帰分析の例を示します。ここでは気温から商品の販売個数を予測しています。過去の販売個数を教師データ、気温を特徴量とした回帰モデルです。分類モデルでは商品を購入するかしないかという 2 値が出力されますが、回帰分析では販売個数という数値が出力されます。この点が 2 つの教師ありモデルの違いです。

図 4.2　分類モデルと回帰分析の比較

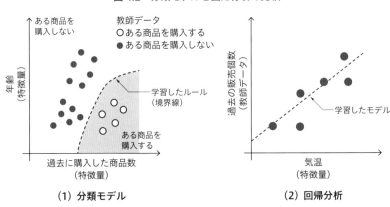

（1）分類モデル　　　　**（2）回帰分析**

　表 4.4 に示すように、回帰分析も業界ごとにさまざまな応用が考えられます。アトラクションの待ち時間予測の例のように予測結果そのものが有益な場合と、電力予測のように予測結果を意思決定や施策に役立てる場合があります。また、信頼区間を見ることで、予測の幅が広い場合と狭い場合で、意思決定が変わると考えられます[*3]。

[*3]　詳しくは高橋信 著「マンガでわかる統計学　回帰分析編」（オーム社 , 2005）などを参考にしてください。

表 4.4 回帰分析でできることの事例

業界	事例	教師データ	特徴量
小売業界	曜日や天気、気温などいくつかのデータから店舗の1日の売上や来店客数を予測する	過去の売上や来店客数データ	曜日や天気、気温など
流通業界	曜日や季節から在庫量を予測する	過去の在庫量	曜日や季節、前週の販売数など
行政	年代ごとの人口や業種ごとの企業数から税収を予測する	過去の税収	年代別の人口、業種ごとの企業数など
レジャー業界	曜日や天気から来場者数やアトラクションの待ち時間を予測する	過去の待ち時間	曜日、天気、過去の同曜日や前年同日の来場者数など
電力業界	季節や曜日、天気から消費電力を予測する	過去の消費電力	季節、曜日、天気など

4

A I ・データサイエンスの応用

似たようなデータをまとめるクラスタリング

　最後に紹介するのは**クラスタリング**です。クラスタリングも、分類モデルと同様にいくつかのグループに分類するモデルです（図4.3）。分類モデルではあらかじめどういうグループに分けるか決まっていますが、クラスタリングではデータの特徴量に基づいてグループを決めます。そのため、分類モデルで必要だった教師ラベルを必要とせず、データだけあればグループを作ることができます。教師ラベルを必要としない方法であるため**教師なしモデル**と呼びます。表4.5にクラスタリングでできることをまとめます。

図 4.3　クラスタリングの例

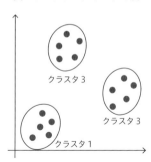

クラスタ 3

クラスタ 3

クラスタ 1

表 4.5　クラスタリングでできることの事例

業界	事例	特徴量
小売業界	過去の購買履歴からユーザーの嗜好でグループ分けする 商品の価格や材料から類似商品をグループでまとめる	過去に購買した商品リスト、ユーザー属性など
住宅業界	間取りや駅までの距離から類似の住宅をまとめる	間取り、駅までの距離、備え付けの設備など
その他	ユーザーへのアンケートデータからユーザーの特性ごとにグループ分けする	アンケートの各項目の回答

統計・AI モデルと従来のソフトウェア開発の違い

　統計・AI モデルは、データを入力すれば自動で予測や分類をしてくれるという点で、従来のソフトウェア開発で制作されるものと同様に、人間が設定した課題を自動化してくれるソフトウェアの 1 つと考えられます。大きな違いを挙げるとすれば、ソフトウェアの振る舞いを決めるルールの作り方が異なることです。従来のソフトウェア開発では、ソフトウェアの設計者が決めたルールをソフトウェアとして実装して自動化していました。一方、統計・AI モデルでは、データとモデルを用意し、ソフトウェアのルールはデータから学習します。これによって、新たなデータ

に対して自動的な処理を行います。そのため、どのような課題に取り組むかはもちろん、どのようなデータが用意できるかという点が重要です。ここまでに説明した統計・AI モデルと従来のソフトウェア開発の違いをまとめます。

Memo
従来のソフトウェア開発ではルールを人が決めていたが、統計・AI モデルではルールをデータから学習する。
取り組む課題だけでなく、学習に利用できるデータも事前に検討する必要がある。

前章までのデータの集計や可視化は現状把握が主目的で、それに対するアクションは結果を見てからでも考えられましたが、統計・AI モデルではモデルの出力をもとに意思決定したり施策を実施したりしますので、統計・AI モデルで解決する課題設定が重要になります。

従来のソフトウェア（左）と統計・AI モデル（右）

4

AI・データサイエンスの応用

統計・AI モデル活用における課題設定

課題発見

落合　桂一

キーワード　CRISP-DM、アクション

課題の把握については、2 章、3 章でも解説してきましたが、統計・AI モデルの活用においても課題設定がその成否を決めると言っても過言ではありません。本節では、統計・AI モデルを使ったデータ活用における課題の決め方について解説します。

データサイエンスプロジェクトの進め方

　統計・AI モデルをはじめとしたデータサイエンスのビジネス活用を推進するにあたって、参考になるフレームワークがあります。その 1 つが **CRISP-DM**（CRoss-Industry Standard Process for Data Mining）[*4] と呼ばれるデータ分析の標準プロセスです（図 4.4）。CRISP-DM は、以下の 6 つのステップで構成されています。

- ビジネス理解（Business Understanding）
- データ理解（Data Understanding）
- データ準備（Data Preparation）
- モデリング（Modeling）
- 評価（Evaluation）
- 展開（Deployment）

　最初のステップであるビジネス理解では、課題に基づいたデータ活用の目的の明確化や、課題にそった KGI（Key Goal Indicator）・KPI（Key Performance Indicator）となる指標を決定します。このとき、課題を明

[*4]　Wirth, Rüdiger, and Jochen Hipp. "CRISP-DM: Towards a standard process model for data mining." Proceedings of the 4th international conference on the practical applications of knowledge discovery and data mining. Vol. 1, pp. 29-39, 2000.

確にしておかないと、分析はしているけど結果が出ないという状況になりかねません。本節では、統計・AI モデルのビジネス活用における課題設定について詳しくみていきます。

図 4.4　CRISP-DM における 6 つのステップの流れ

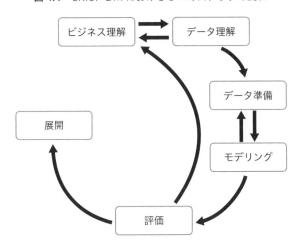

集計や可視化と統計・AI モデルの違い

　前章までで行ったデータの集計や可視化、KPI のモニタリングでは、過去から現在までのデータを対象にしています。これらの結果からわかることは過去の状態や現在の状態です。一方、統計・AI モデルでカテゴリ分類や予測をしてわかることは、現在または未来の状態です。ですので、両者の大きな違いは未来を予測できるかどうかといえます。そのため、統計・AI モデルのビジネス活用における課題設定では、組織のビジネスの未来を予測することで、予測結果そのものが有益な課題、または予測結果を意思決定や施策に役立てられる課題を考えることが重要です。

課題設定の進め方

　まずは統計・AI モデルで解決する課題を決めます。以下の項目に答えることで、組織の解きたい課題が具体化できると思います。

Memo
ビジネス上で未来の状態がわかると嬉しいシーンを考える
そのシーンが誰にとって嬉しいのかを考える
未来の状態に基づいて実施可能な対策・施策などの具体的なアクションを
考える

　ポイントは、頭の中で漠然と考えていることを言語化することです。また、3 つめに挙げた具体的な**アクション**がとれるかどうかも重要です。なぜなら、望んだ分析結果が出たとしても、その結果に基づいたアクションに結びつかなければ、ビジネスに影響を与えられないからです。

　例として、コンビニの店長が商品の発注を行うことを考えてみます。1 つめの「未来の状態がわかると嬉しいシーン」を考えてみると、今後数日で売れそうな商品とそれがどれくらい売れるか、すなわち商品の需要がわかると嬉しそうです。2 つめの「誰にとって嬉しいか」については、店舗にとっては売れるものがわかれば機会損失を避けることができますし、利用者としても買いたい商品が店舗に置いてあれば別の店に行く必要がなくなります。3 つめの「未来の状態に基づいたアクション」については、売れそうな商品と個数がわかれば、その商品を仕入れておくというアクションがとれます。現実的には、今後数日で何が何個売れるのかを正確に予測することは難しいですが、予測がはずれたというデータが蓄積できれば、統計・AI モデルの改善に活用できるので、まずはアクションに結びつけることが重要です。この例では、コンビニの店長が問題の当事者なので、課題設定のポイントとして挙げた 3 つの項目は考えやすいかもしれません。組織の中でデータ分析の専任チームが他部署からの依頼をもとに課題を設定する場合は、問題を抱える当事者へのヒアリン

グを通じて 3 つのポイントを検討するとよいでしょう。

データを見ながら設定した課題を見直す

　ここで再び図 4.4 の CRISP-DM の流れを見てみます。「ビジネス理解」と「データ理解」の間に双方向の矢印があります。これが意味するところは、データ分析の課題を設定したら、いきなり分析を始めるわけではなく、実際に分析に使えるデータがあるのか確認し、問題設定を見直すということです。先ほどのコンビニでの仕入れの例では、どの商品が、何個売れるかを予測したいので、過去の商品の販売実績（どの商品が、何個売れたか）が教師データとなります。ですので、教師データが使える状態になっているのか、データの量や質を確認します。この段階では、前章までに取り組んだ集計や可視化を行い、データに対する理解を進めます。例えば、ある商品の日々の販売個数を時系列でグラフ化して確認することで周期的な変化や何らかの特徴を見出せれば、それを統計・AI モデルによって予測できる可能性があります。一方、ランダムに変化している場合は、その予測は難しく、アクションにつなげることはできません。その場合は、問題設定を考え直す必要があります。このように、問題設定をした後に、実際のデータを見て、その問題が現実的に解ける問題なのかどうかを見極め、問題設定を修正していく必要があります。

データ分析人材の
スキルセットと獲得戦略

人材

伊藤　徹郎

キーワード ▶ スキルセット、ビジネス力、データエンジニアリング力、データサイエンス力

ここまでのステップを経て、データ分析チームが組成され、必要な人員は揃ってきているはずです。「3-4 データ分析チームを構成する人員」で解説したような人材を獲得し、データ利用のプロジェクトを進めたり、その結果をもとに議論できているでしょうか。本節では、さらに踏み込んで、データ分析を用いて価値を発揮できる人材の要件や獲得方法について説明していきます。しかし、専門性の高い人材の希少性が高いのも事実であるため、外部支援や副業人材の力を借りたり、一般的な人材を育成したりすることで、組織全体でデータを活用していく筋道を説明します。

データ分析のタスク構造と必要なスキルセット

　あらためてデータ分析プロジェクトの構造を図 4.5 に示します。図 4.5 は IPA（独立行政法人 情報処理支援機構）が公表している「データサイエンス領域」です。データ活用のためのタスクが 4 つの Phase[*5] ごとにまとめられていることがわかります。それぞれの Phase は以下のように説明されています。

　Phase 1 では、企画立案からプロジェクトの立ち上げを行います。Phase 2 は、プロジェクトについてのアプローチの設計から、それにまつわるデータを収集し、処理するフェーズとなります。Phase 3 では、前フェーズで下ごしらえしたデータの解析および可視化を行います。そして最終段階となる Phase 4 では、業務への組み込み（実装）とともに、業

[*5]　本書で説明している「デジタル化」「集計・可視化」「AI・データサイエンスの活用」などのフェーズとは異なるため、ここでは元資料の通り Phase と表現しています。

務自体の評価・改善などを実施します。

前章までを通じて、このようなプロセスによってデータ分析は集計したうえで、一定の解決を図ったり、分析からのインサイトを探ることはできているはずです。

図 4.5 ITSS+（プラス）データサイエンス領域 デジタル人材の育成 IPA 独立行政法人情報処理推進機構の「ITSS ＋ /「データサイエンス領域」タスク構造図（中分類）」を参考に筆者が再作成：https://www.ipa.go.jp/jinzai/skill-standard/plus-it-ui/itssplus/data_science.html

AI・データサイエンスの応用 4

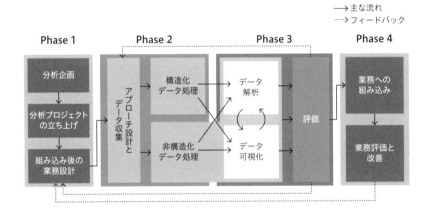

図 4.6 は、一般社団法人データサイエンティスト協会が提唱しているデータサイエンティストに求められるスキルを示したベン図です。「ビジネス力」、「データサイエンス力」、「データエンジニアリング力」の3つが求められるとされています。

図 4.6　一般社団法人データサイエンティスト協会「データサイエンティスト スキル チェックリスト」図1：データサイエンティストに求められるスキルセットを参考に 筆者が再作成 https://www.datascientist.or.jp/common/docs/skillcheck.pdf

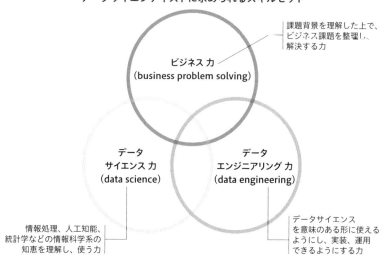

図 4.5 で示した Phase ごとのタスクを遂行するには、これらの 3 つのスキルがそれぞれ一定程度求められますが、特に必要とされるものを整理すると、以下のように考えることができます。

Memo
Phase 1：ビジネス力
Phase 2：データエンジニアリング力
Phase 3：データサイエンス力
Phase 4：業務への組み込み、結果の評価には 3 つのスキルを掛け合わせた力

　3 章で解説したような人材を獲得できていれば、集計と可視化のようなデータ活用ができるでしょう。AI・統計モデルを活用するとなれば、より高度なスキルが求められます。Phase ごとに示した 3 つのスキルについて、AI・統計モデルの活用を念頭に詳細を解説していきます。

ビジネス力

　ビジネス力には大きく分けて、3つのスキルがあります（図4.7）。「ビジネス課題解決」、「データ課題解決」、「基礎能力」です。

　「ビジネス課題解決」にはプロジェクトマネジメントや組織マネジメント、事業への実装、契約などのスキルや推進力が必要です。「データ課題解決」では、データで課題を解決するための着想力やデザイン力、課題の定義を行い、解決のアプローチを設計できる力が求められます。また分析結果をきちんと評価できることも重要です。その前提としては、データに対する理解が必要です。最後の「基礎能力」については、論理的思考力や基本的な行動規範を守るといったことが求められます。

　ビジネス力は、この分野特有の能力というわけではありませんが、複雑なプロジェクトを完遂できるかが重要という点で、一般的なビジネススキルよりも一段高いレベルが求められます。この後にも説明するスキルに関しても理解をし、適切にプロジェクトを推進する必要があります。

図 4.7　ビジネス力のスキル要素 [6]

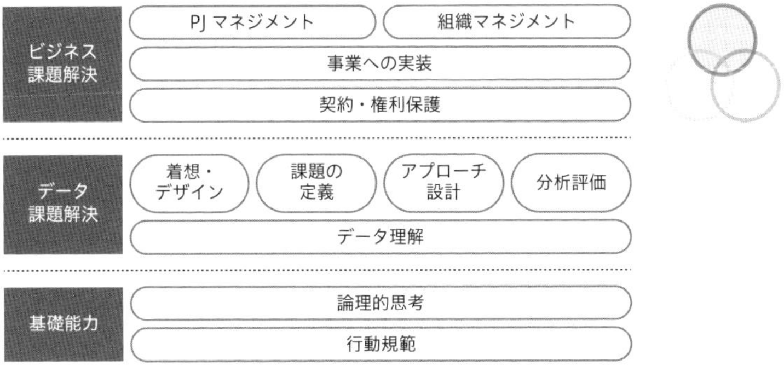

*6　出典：一般社団法人 データサイエンティスト協会スキル定義委員会 , 独立行政法人 情報処理推進機構 ITSS ＋（データサイエンス領域）「データサイエンティストのためのスキルチェックリスト / タスクリスト概説」図 13 ビジネス力のスキルカテゴリより引用。https://www.ipa.go.jp/jinzai/skill-standard/plus-it-ui/itssplus/ps6vr70000001ity-att/000083733.pdf

データエンジニアリング力

　「データエンジニアリング力」は大きく分けて、守りの部分である「防御」の観点、「実装・運用」の観点、そして「基礎」の 3 つのスキルに大別できます（図 4.8）。

　まず「防御」の観点ですが、近年では多くのサイバー犯罪やサイバー攻撃が発生しています。企業の保有するデータは秘匿性が高く、攻撃者にねらわれやすいリソースであるために、こうした脅威から適切に守る必要性があります。

　データエンジニアリングの肝であるデータの収集から蓄積、加工や共有のスキル（実装・運用）も重要です。近年ではデータエンジニアリングに関するさまざまなツールが台頭しており、そうしたツールを利用する知識もあわせて必要です。また、機械学習システムのような AI システムを運用することになれば、基礎となるプログラミングスキルやデータの実装・運用スキルが求められるでしょう。

　こうしたデータエンジニアリングはプログラミングのスキル（基礎）に依拠しています。データの抽出・集計・加工をする SQL や、データの基盤開発には Python が用いられるなど、そうした言語の基礎を習得できていることが求められます。

図 4.8　データエンジニアリング力のスキル要素 [7]

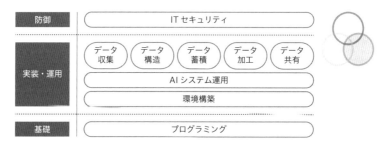

*7　出典：一般社団法人 データサイエンティスト協会スキル定義委員会 , 独立行政法人 情報処理推進機構 ITSS ＋（データサイエンス領域）「データサイエンティストのためのスキルチェックリスト / タスクリスト概説」図 12 データエンジニアリング力のスキルカテゴリより引用。https://www.ipa.go.jp/jinzai/skill-standard/plus-it-ui/itssplus/ps6vr70000001ity-att/000083733.pdf

データサイエンス力

　最後に「データサイエンス力」です。データサイエンティストの肝となるスキルであるため、やや詳細なカテゴリに分類ができ、大きく分けて「データ課題解決」、「解析技術」、「非構造化データ処理」、「基礎技術」の4つがあります（図4.9）。

　「データ課題解決」は「ビジネス力」でも同等のカテゴリがありますが、こちらの方がより詳細にデータの中身を理解する必要があります。また、そのデータの中から適切なインサイトの導出を求められることもよくあります。次に「解析技術」です。ここはまさにデータサイエンティストの腕の見せ所です。必要なデータを分析できるようにデータを加工する、統計学的な見地からサンプリングやグルーピング、性質・関係性を把握する、A/Bテストの実施を踏まえて統計的な推定や仮説を検証するといったスキルに加えて、数理モデルの観点で、予測や時系列分析、シミュレーションや数理最適化のスキルが求められることもあります。また、これらの分析結果を適切に理解・解釈・説明するために、データ可視化のスキルが求められます。少し発展的なスキルとして、非構造化データの処理を求められることもあるでしょう。

　これらの解析技術の基礎となるスキルとして基礎数学のスキルも求められます。なぜなら、データサイエンスのモデルの多くは数学的な理論を礎としており、データから適切な分析を行い、何かしらの知見を得るためには正しい数学の知識を必要とするからです。

図 4.9　データサイエンス力のスキル要素 [8]

データサイエンスに関連する専門人材の概観

　より高度なデータ活用を推進していくには、そのための人材を獲得する必要があります。しかし、データサイエンスに関する職種は登場して10 年程度と歴史が浅く、世の中に専門性の高い人材が多いわけではありません。図 4.10 は総務省が公表しているデータ駆動型社会の実現に向けた高度 ICT 人材の調査研究のレポートからの引用です。

---

[8]　出典：一般社団法人 データサイエンティスト協会スキル定義委員会 , 独立行政法人 情報処理推進機構 ITSS ＋（データサイエンス領域）「データサイエンティストのためのスキルチェックリスト / タスクリスト概説」図 11　データサイエンス力のスキルカテゴリより引用。https://www.ipa.go.jp/jinzai/skill-standard/plus-it-ui/itssplus/ps6vr70000001ity-att/000083733.pdf

図4.10　データサイエンティストの人材レベル [9]

AI戦略：エキスパート／応用／リテラシー

DS協会：業界の代表／構築／独り立ち／見習い

人材レベルと要件	企業での活用状況	教育機関での育成状況
最先端人材 ✓ データサイエンスを詳細な理論から理解・実践し、事業の創出や分析手法の提案ができる ✓ 複数のスキルについて高水準である ✓ 責任者としてチームをマネジメント	・R&Dなどによる最新の研究・業界の先進事例に触れる機会を付与 ・データサイエンスを実際のサービスやアプリに落とし込む実装力の内製化	・海外を含めた最先端の研究を進められるカリキュラム編成 ・実際の企業課題や社会問題に触れる機会の充実
実践人材 ✓ データサイエンスの分析手法を理解・実践し、課題解決に活用することができる ✓ 各スキルについて、いずれかに強みを持つ ✓ RやPythonなどのプログラミング言語を活用	・データ分析を行うために必要なデータ蓄積と分析基盤の構築 ・データサイエンスを実際の業務で活用できるPJTやチームの組成 ・業務を通じたドメイン知識の提供	・データを使って、課題解決ができるカリキュラム編成 ・専門分野×データサイエンスの視点
リテラシー人材 ✓ データサイエンスの基礎知識を理解し、簡単な分析や集計を実施することができる ✓ 各スキルについて、最低限のリテラシーがある ✓ エクセルやBIツールを活用	・データサイエンスを活用できる業務範囲の拡大 ・社内文化やリテラシーの向上 ・誰でも使うことのできるツール、環境整備	・学生・社会人向けの基礎教育を行うカリキュラム編成 ・リベラルアーツとしての社会的認知

4

A ─ー・データサイエンスの応用

*9　出典：株式会社野村総合研究所 コンサルティング事業本部 DXコンサルティング部 社会システムコンサルティング部「データ駆動型社会の実現に向けた高度ICT人材に関する調査研究ー最終報告書」をもとに筆者が作成。https://www.soumu.go.jp/main_content/000758165.pdf

　本節では、ここまでにデータサイエンス領域ごとのタスクリストを示しながら、データサイエンティストに求められるスキルについて解説しました。この図ではその各スキルの専門性の深さと組み合わせをもとに人材レベルを 3 つに区分けしています。

　まずは、大多数が占める「リテラシー人材」です。データで話せる組織に必要なレベルとして、要求される人材レベルがここに該当します。

　次に「実践人材」のレベルです。多くの組織でデータ関連のチームや部署に所属している人材はこのレベルに該当します。このレベルの人材を一定数獲得できれば、自社でのデータ分析基盤の構築や運用、基本的な集計や分析などを遂行できます。

　最後に「最先端人材」のレベルです。データサイエンスにおける複数の知識や高度な分析モデルなどへの理解が求められます。また研究開発は基礎研究や応用研究などに近接した領域であるため、抽象度の高い議論とそれを応用する実践のバランス感覚を養った人材が求められます。

　さらなる高度なデータ分析や AI の利活用を推進するには、自社の状況を踏まえて、これらの人材レベルとスキルレベルを把握することが肝要です。図 4.10 はこれを俯瞰して整理するために有用です。

解決してもらいたい課題を明確にする

　イシュー（課題）を立てて、ソリューション（解決方法）を考え出していくステップはいまや一般的かもしれませんが、データサイエンティストの採用においても同様です。専門人材に対して、自社のどんな課題を解決してほしいかを明確にしましょう。基本的な集計・分析ができており、BI ツールによるダッシュボードが使える状態であれば、機械学習のタスクを実務に応用してよい段階ともいえます。機械学習プロジェクトは、通常のデータ分析プロジェクトよりも難しい問題を含みます。また、機械学習プロジェクトは継続的に運用し、価値を出し続ける必要もあります。機械学習システムの継続的な運用はMLOps[10]と呼ばれ、これをリー

---

[10]　詳細は「4-8 MLOps」で解説します。

ドするためにはデータサイエンスの知見だけではなく、ソフトウェアエンジニアリングの知見を兼ね備えた人材を獲得しなければなりません。

　また、データ分析プロジェクトはなんとか回せるが、データ分析チームとして知見を標準化したり、安定して価値を発揮し続けたりできない段階にある専門人材も多いです。そのような人材に対しては、安定してデータで価値を発揮できるように、メンバーの分析や開発・運用をサポートしながら強いチームを作っていくような課題をこなすことが求められるでしょう。スキル面だけではなく、過去のデータ分析の経験が生きる分野であるため、なかなか身につけにくいところでもあり、そうした経験を豊富に有している人材も多くはありません。

必要に応じて外部の力を借りる

　最先端人材は稀少性が高く、組織へ迎え入れるのはハードルが高いかもしれません。そのようなときは外部のデータ分析を支援している会社に助けを求めることも検討しましょう。ほとんどが独立した企業のため、SES（System Engineering Services）のように常駐することにはなりませんが、期間限定で経験豊富な人材にチームに入ってもらい、必要な情報の整理を手伝ってもらうことも可能です。相応のコストが必要になりますが、手弁当で何ヶ月もずるずるとプロジェクトを引き伸ばしてパッとしないまま終わるよりは、確実な成果につながるでしょう。また、このように外部のデータ分析を支援している企業は、さまざまな業種・業態の支援を経験しているため、プロジェクトの成功確率が高くなります。

　専門人材をスポット的にチームに引き入れて知見を吸収していくという選択肢もあります。SNSで積極的に発信をしている方も多いため、相談のためのリプライやダイレクトメッセージをしてみるのも有効な手段です。

　外部の人材の力を借りるメリットは即効性です。すぐにプロジェクトにおいて価値を発揮してくれます。一方で、デメリットとしては、内製よりも費用がかかることや組織に知見や経験が蓄積できないため、依頼内容には注意が必要です。注意する点としては、いきなりすべての課題

を解決した大きな依頼を出すのではなく、まずは目の前のひとつひとつ
の課題をクリアする限定的な依頼から始め、そこから成功実績を作り大
きくしていくことです。

リテラシー人材の活用

　ここまで最先端人材の獲得について説明してきました。専門性の高い人
材を無事に獲得できたとしても、それだけでデータで話す組織を作れる
わけではありません。一部の部署だけでデータを活用していても、それ
はある一部だけに閉じたサイロの状態であるからです。はじめは全員で
データを活用していこうというモチベーションで始まったとしても、デー
タを活用できる部署（チーム）とデータに関わることが少ない部署の間
でハレーションが起きたり、コミュニケーションエラーが起こることが
しばしばあります。このような問題をマネージャが適切に治めてくれれ
ばよいのですが、なかなか難しいのが実情です。効果的な打ち手としては、
データに関わることが少ない部署のメンバーを、データ活用が進んでい
るプロジェクトにうまく巻き込むことだと筆者は考えています。そもそ
もデータに関わることが少ないメンバーは、データ活用の具体的なイメー
ジを持っていないことが多く、データを活用する部署がどのような試行
錯誤をして普段の業務を行っているかが伝わっていません。しかし、デー
タを活用するために SQL を書いてもらったり、抽出したデータの可視化
のためにデータを処理してもらったりするだけで、両者の溝は浅くなり
ます。これは前述した「リテラシー人材」がうまく呼応し合うような組
織を目指すことです。それぞれの職域での苦労をお互いが理解し、尊重
することができれば、データで話す組織へ近づくことは難しくありませ
ん。

育成のためのしくみづくり

人材

伊藤　徹郎

キーワード　育成、トレーニング、メンタリング、コーチング

近年はデータサイエンティストの需要が高まっており、獲得コストが高騰しています。なかなか獲得できない中途採用に注力するよりも自社のメンバーを計画的に育成し、戦力化を図ることも有効な手段です。本節では、必要なスキルの特定、育成目標と方針の策定、トレーニングプログラムの作成、実践的なプロジェクトの提供、メンタリングとアドバイスといった育成のポイントを解説していきます。

なぜ自社で育成する必要があるのか

　世界的にデータサイエンス分野が注目されていますが、人が育つスピードはテクノロジーが進歩するスピードと歩調が合いません。テクノロジーの進化は圧倒的に早く、そこに適応できた人材がその分野を切り開き、徐々に参入者が増えて、スキルや技術・求められる経験などが整備されていきます。

　データサイエンス分野が流行した2010年ごろから遅れること数年でデータサイエンティスト協会がスキルの定義、公表を行いました。2020年代の潮流としては、データサイエンティストに関する検定の制度が整備され、大学などの教育機関がデータサイエンスを学ぶことができる学部やコースを新設しています。つまり、10年が経過してようやく学ぶ環境が整ってきたのです。

　しかし、そのスピード感は企業の要求するものと合っていないことも往々にしてあります。加えて、各企業の展開するビジネスドメインの特性上、得られるデータの形式は多様です。教育機関で専門的な訓練を受けてきた人材がいたとしても、自社のデータ活用のためには、得られたデータをさらに自社のデータやビジネスに適した形にして扱わなければならないことは、想像に難くありません。こういった専門的なスキルを

保有する人材は、企業からのニーズが強く、獲得のためのコストが高いといえます。非常に簡単な経済学のモデルで需要と供給がバランスするポイントで価格が決まるという均衡理論がありますが、それをもとに考えると、需要が過多で供給が不足しているため、均衡価格の釣り上がりが起きているという説明ができます。特にデータサイエンティストは全業界で必要とされています。競争相手は同業ではなく、大企業を含めた全企業です。さらに専門的な知識や技術を学んだ人材は、その力を発揮できる環境を求める傾向があり、すでにデータサイエンティストが多く在籍していて、価値を出すための業務フローが確立されつつある企業の方が選ばれるといえます。

　このような勝ち目の薄い勝負に参加して疲弊するより、中長期的な目線を持って、自社で育成する方法があります。近年では教育課程の中で統計やデータサイエンスを教えている機関も多いため、予想以上に早い段階での戦力化が期待できます。

育成に必要な観点

　自社でデータサイエンティストを育成する際は、下記の観点を整理し、方向性を決めていきましょう。

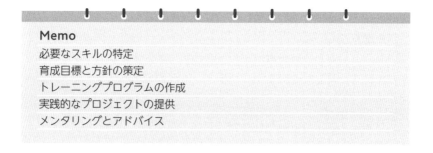

Memo
必要なスキルの特定
育成目標と方針の策定
トレーニングプログラムの作成
実践的なプロジェクトの提供
メンタリングとアドバイス

　必要なスキルの特定に関しては、前節「4-3 データ分析人材のスキルセットと獲得戦略」にて説明しているため、ここでは割愛します。

育成目標と方針の策定

　まずは、人材の育成目標と分析チームの方針を定めましょう。タスクやスキルとして必要な能力がある程度明らかな状態であれば、チームの目標や方針と照らし合わせて、どのスキルを育成によって充実化させていくべきか、どのスキルセットが足りないかを把握します。それから、弱みを補填するために採用や育成戦略を立てて実行していくか、強みを伸ばしていくような戦略を立てていくかを決定しましょう。チームの状態に応じてとるべき戦略は異なるため、一概にはいえませんが、おすすめの方針として、まずはデータを活用する専門性に振り切った人材を育成します。そのうえで、育成した人材による利益を各部署が享受できるような施策や取り組みを行い、信頼関係を構築したのちに、弱点を補強するような戦略が考えられます。

　人材の育成目標に関しては、なかなか詳細を論じることは難しいのですが、多くの企業で運用されている年度ごとの評価や査定のしくみと連動させて、一定のスキルレベルとその価値発揮の影響の範囲や大きさを定量的に定めるとよいでしょう。例えば等級制度のようなものを採用していれば、等級が低いうちは、自らが専門性を発揮してプロジェクトに対して貢献できるような姿勢を持ってもらうことを推奨しましょう。そして、ある程度自走できるような状態に到達したら、チームの出す成果に対するコミットメントを求めます。この場合、必ずしもデータサイエンスの手法を使わなくても大きな成果を上げられたのであれば、評価できることが望ましいです。データを使うことはさまざまなイシューを解決するための手段の1つでしかありません。専門性が高い人材はその手段のバリエーションが多く、引き出しを多く持っています。そのうえで、データを活用した解決策をとる方が望ましいのですが、必ずしも手段を固定する必要はありません。

トレーニングプログラムの作成

　自社でデータ分析をするためのトレーニングプログラムを作成しましょう。

* データ構造と SQL
* データの分析と可視化
* 機械学習の理論と実践
* クラウドサービスの利用

　大きく分けて、この4つのプログラムが作成できると、実務に必要なデータサイエンスのスキルのトレーニングが可能になります。

　まずは、自社のデータ構造についてです（自社のデータがデータベースで管理・運用されていることが前提です）。データベースからデータを抽出、集計するためにSQLのクエリを書くためには、どのようなデータがどんなカラムで、どんなテーブルに保存されているかという定義を知る必要があります。最近ではデータカタログのようなしくみも整備されていますが、うまく整理できていないことが多いため、まずはデータの整理を行い、それを説明し、理解できるようになることを目指します。SELECT文の基本的な文法からはじめ、自社のデータを抽出・集計する

ためのクエリの書き方のような練習問題などを用意するとよいでしょう。

　必要なデータを抽出できたら、次はそのデータを使ってデータ分析をして、結果を可視化できることが望まれます。データ分析には企業ごとに設定しているポリシーをもとにトレーニング内容を策定するとよいでしょう。多くの企業ではPythonやRなどの言語を使って分析することが一般的です。このような言語を使ったデータハンドリング、分析・集計方法などの操作を学ぶとよいでしょう。そして、その結果を可視化して他の人に共有するスキルが必要です。TableauやLookerなどのBIツールを使っていれば、それらの使い方をセットでトレーニングしましょう。PythonやRで可視化する方法をトレーニング事項としてもよいでしょう。グラフの適切な使い方を学ぶために、統計検定の3級レベルの知識を学習することもおすすめです。

　データと可視化に続いて、機械学習の理論と実践のトレーニングです。これらを使いこなすことで、発展的な分析を可能にし、他社との差別化を確立できます。機械学習の理論や実践に関しては、多くの書籍や情報がたくさんありますので、詳細は割愛します。

　クラウドサービスの利用についても、一定のスキルが必要です。クラウドサービス上でWebサービスを動かしていたり、データ基盤をクラウド上で構築していたりする場合は、クラウドサービス上でデータを読み込んで分析することが一般的です。代表的なサービスはGoogle Colabolatoryです。オンライン上にJupyter Notebookが立ち上がり、それを他の人と共有できたり、再実行させたりすることが可能です。この環境を使って、先ほどの機械学習やデータ分析のトレーニングを提供することも考えられます。

実践的なプロジェクトの提供

　育成の近道は実践的なプロジェクトを経験することです。例えば以下のようなプロジェクトは、実践を通して経験を積むことができます。

4

AI・データサイエンスの応用

- 企業の中で活用できていないデータを活用して価値を出していくプロジェクト
- これまでの分析にさらに付加価値をつけていくようなプロジェクト
- すでに動いているデータプロジェクトをアップデートして、より効率的な処理を行うようなプロジェクト

　R&D 部門での取り組みとしては、論文を読み込み、自社のデータに適用した結果を発表してもらうのもよいでしょう。ここで Streamlit[11] のようなアプリケーションフレームワークを用いて、手軽に結果を参照できるようなしくみを用意することをおすすめします。

メンタリングとアドバイス

　忘れられがちなのが、データサイエンティストのピープルマネジメントです。データサイエンティストは歴史が浅く、人材自体の数も多くはないため、キャリアが確立されているわけではありません。メンバーのメンタリングやキャリアのアドバイスなどが重要となる局面は多いといえます。

　プロジェクトを実践する中で、プロジェクトの進め方や経験談を共有する場を設けると重宝されます。定期的にそれぞれのプロジェクトの成果を共有し、メンバー同士で相互にレビューするような仕掛けを取り入れるとよいでしょう。

　本節で紹介したような育成施策を実行に移すのが難しいと感じる場合は、外部の人材にサポートしてもらうことも有効です。

---

[11]　https://streamlit.io/

評価体系の構築

人材

伊藤　徹郎

キーワード　評価、技術的スキル、ビジネススキル、プロフェッショナリズム

多くの企業が取り入れている評価体系ではデータサイエンティストの能力や成果を適切に評価することは難しいでしょう。データサイエンティストの評価には、以下で解説する5つの観点を総合的に評価することがポイントです。

4

AI・データサイエンスの応用

なぜ既存の評価体系ではダメなのか

　ようやくデータサイエンティストのような専門人材を獲得できたとしましょう。そのあとは、プロジェクトを立ち上げて成果を上げることに集中できると思われるかもしれません。短期的に考えればそれで問題ありませんが、本書で解説してきたように、プロジェクトを遂行するには時間がかかることが明らかです。中長期的な視点で見据えると、彼らの能力や成果を適切に評価する基準を用意しなければなりません。しかし、多くの企業では年功序列的な評価体系を用いており、勤続年数や役職に応じた評価が一般的です。ジョブ型と呼ばれるような専門職を既存の制度で評価しようとすると、途端に行き詰まってしまいます。

　例えば、一般的な評価体系では勤続年数と昇格が密接に絡んでおり、数年おきに主任、係長、課長などのように昇格していくことが多いでしょう。昇格に際して、試験を課している会社もあるかもしれません。しかし、これまでの昇格試験では、いわゆるマネージャとしての資格は測れたとしても、データサイエンティストのスキルや技量、成果を測ることは難しいでしょう。

　さらに、希少人材であるデータサイエンティストを獲得しようと思ったときに、これまでの評価体系ではそもそも年収面で折り合いがつかないことも容易に想定できます。多くの企業がデータサイエンティストを獲得したくて採用募集を出してみるものの、制度面が足かせになって苦

戦を強いられることになるのです。

　募集要項の書き方や見方については、拙著「AI・データ分析プロジェクトのすべて」に記載しているので、そちらも参照してみてください。

データサイエンティストを評価する観点

　では、自社で独自の評価体系を作ろうとした場合に、どのような観点から評価するのが望ましいでしょうか。大きく分けて、下記の 5 つの観点をそれぞれ評価することをおすすめします。

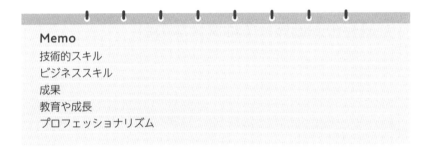

Memo
技術的スキル
ビジネススキル
成果
教育や成長
プロフェッショナリズム

　技術的スキルは、本章で紹介したデータサイエンス力とデータエンジニア力に関する部分を評価すると理解してもらってかまいません。技術的スキルがなければ、プロジェクトの中で担当できる範囲が狭くなったり、プロジェクトの実現可能性を大きく左右したりするので、重要な観点の 1 つです。

　データ分析で必要になる技術的なスキルでいえば、データベースからデータを抽出するための SQL を記述できるかや、抽出したデータを適切に加工／分析できるような Python や R のスクリプトを書けることも必要です。応用スキルとして、多変量解析や機械学習の知識も必要です。また、さまざまな業種・業態のデータ、どのような分析課題に取り組むかによって採用するアルゴリズムや手法は変化するため、これらを適切に扱うことができるかも評価対象にしておくべきでしょう。これら以外にも、適切に可視化できるか、ロジカルに説明できるか、インサイトを見出して

効果的な施策や改善を提案できるかという観点も評価しておきたいところです。データエンジニアリング力の評価は、これらのデータを処理する基盤のアーキテクチャやツールの取捨選択ができるかどうかなどを考慮してもよいでしょう。

技術的スキルを評価する場合は、関わったプロジェクトで使われた技術やアルゴリズムをもとに到達レベルを評価します。データハンドリングから基本集計までの技術によってインサイトを出している場合では技術レベルはまだ低いといえますが、そこから問題を定式化して最適化問題にしたり、評価指標を定めて機械学習のタスクに落とし込んだりできていれば、一段階レベルは上がります。その後は使われているアルゴリズムの種類や評価指標の置き方、汎化性能の検証などを適切に実行できていれば、高度なレベルであると評価してよいでしょう。

次に**ビジネススキル**です。こちらは本章で紹介したビジネス力とほぼ同義であると考えてください。現場のニーズを適切に汲み取り、その課題を理解したうえで適切な課題解決策を提案できるかを評価しましょう。また、分析プロジェクトの推進を担うことも多いため、プロジェクトマネジメント力を評価しておくことも重要です。プレイヤーとして手を動かすのは得意だが、プロジェクトを動かすことが苦手なデータサイエンティストは非常に多いです。逆に言えば、こうした部分を担える人材は、市場の評価を高めることは容易でしょう。さらに、プロジェクトマネジメントを成功に導くために必須のコミュニケーション力やチームで働いたときの協働性も評価に含めることをおすすめします。この観点から評価できていれば、プロジェクトへのアサインがスムーズにできます。

ビジネススキルの評価も実際のプロジェクトにおいて、どのような振る舞いを行ったかで判断できます。クライアントの言っていることをただ行うだけでは、低いレベルです。ヒアリングから課題を抽象化し、それらのアクションとしてデータを活用した提案ができるようになれば一般的なビジネススキルレベルであると評価してよいでしょう。ここに加えて、さまざまなバリエーションのアルゴリズムや分析手法、可視化手法などの選択肢を提示できたり、その後の運用までを見据えた提案ができれば、高度なレベルであると評価できます。

4

AI・データサイエンスの応用

177

　ジョブ型の人材として重要なことは、いかにして**成果**をあげるかという観点です。実施したデータ分析が、どのような成果にどれくらいつながっているかを評価しましょう。成果が出るまでにリードタイムが発生する場合もあります。その場合は、四半期ごとや半期ごとの KPI を定めておいて、それをクリアしているかを見る方法があります。データから新たな洞察を見出し、それをもとに新たな価値を創出しているような活動や成果が認められるとよいでしょう。活動や成果を認めてもらうためにはステークホルダーとなる他部署や上司、社外のクライアントなどと成果の内容や KPI の内容を事前に説明して合意を得ておく必要があります。

　成果を評価する場合、上述のスキルのように事前に定義しておくことが難しいこともしばしばあります。あらかじめ定義を作り上げるのではなく、過去に成果があった事例を集め、それと比較する形で評価する方法もあります。

　データサイエンス分野に限らず、近年のテクノロジー業界の進化のスピードは非常に早いです。その中で最先端の情報をキャッチアップできるかという観点は重要です。また、専門的かつ高度な知識が求められる職種ゆえ、自社のメンバーのサポートに手が回らないことも多いでしょう。その中でも**教育**に関する活動を行い、それによって成果に紐づけることができていれば積極的に評価することをおすすめします。この観点では、論文や技術ブログの執筆、およびカンファレンスの登壇なども評価に加味できるポイントです。自社のデータを使った分析で大きな成果が出たら、それを論文にまとめて発表したり、学会で発表したりするのもよいでしょう。新たな視点のフィードバックが得られる期待もあり、それがさらに本人の成長に寄与します。

　学び合える環境を作るためには、学びによる成果を正当に評価できるしくみが必要です。特にテクノロジー業界の人材は働く環境を選択する際に、こうした教育や自身の成長について企業がどのように認識して評価しているか、どういったサポート制度があるかなどを見ています。こうした部分で他社に遅れないようにしておきたいところです。

　最後は**プロフェッショナリズム**です。近年、技術の進化とともに制度

や法令が定期的にアップデートされ、データの扱い方や関連する法律が
厳しくなっています。例えば、個人情報保護法は3年ごとに改定される
運用が決定しています。そうした法令や倫理を遵守できるかどうかは重
要な評価観点です。法令に違反すると、企業は相当なペナルティを負い
ます。

　データ保護やセキュリティの遵守などの観点も含みます。企業の保有
するデータは格好のターゲットとなり、近年はリモートワークの普及に
ともない、さまざまなサイバー犯罪が発生しています。セキュリティサー
ビスやクラウドサービスは重点的にセキュリティの強化を図っており、技
術面でインシデントが発生するケースは少なくなっています。では、ど
こに問題があるかというと、やはり人なのです。100%防ぐことは難しい
のですが、なるべくそうしたリスクを考慮し、適切にデータを扱うこと
ができる人材かどうかを評価しましょう。

評価観点も定期的に改善する

　評価観点も一度作って終わりではありません。技術の進化にともなっ
て社会も変化しています。つまり、評価項目も時代の進化に適応して変
化させていく必要があります。ただし、日々変わるようなものさしでも
ありませんし、2〜3年に一度くらいの期間で改善することをおすすめ
します。評価観点を短い期間で変化させてしまうと、被評価者が何を軸
に自分のスキルを高めていけばよいかわからなくなってしまうからです。
人事的な施策評価者が被評価者を評価し、それをフィードバックしても、
それが実際に行動の変化を促し効果が現れてくるまでには、早くても3ヶ
月から半年ほどの時間がかかります。長く固定的な評価体系を使い続け
ることは論外ですが、短い期間での評価体系の変更も同様にアンチパター
ンであるため、気をつけて運用してください。

4-6 AI・統計モデルのための データ選定

データ

落合　桂一

キーワード　モデルの学習、教師データ、特徴量設計

統計・AI モデルでは予測対象となる教師データと、予測を導くための特徴量と呼ばれるデータが必要になります。教師データについては、何を予測したいかが決まれば、そのデータを用意することになります。一方、特徴量はどのデータを選定するかによって予測に影響するため、その設計方法が重要です。本節では特徴量の設計方法について解説します。

統計・AI モデルのしくみ

　本節では、設定した課題を解決する統計・AI モデルを作るために必要になるデータについて解説します。統計・AI モデルがどうやって予測しているのかを知っておくことは、特徴量を設計するときに有益なので、簡単に統計・AI モデルのしくみについて解説します。

　ここでは、4-2 節で例に挙げたコンビニの商品の発注（言い換えると需要予測）を考えてみます。例えば、コンビニのアイスクリームの販売個数を予測したいときに、過去の同じ月、同じ曜日の販売個数と気温といったデータを利用するとします。線形回帰[*12] というモデルを使えば、

$$Y = \beta 0 + \beta 1 X1 + \beta 2 X2$$

のような式で表すことができます。図 4.11 に線形回帰モデルで過去の販売個数と気温から将来の販売個数を予測する計算を示します。ここで、式に用いられる変数はそれぞれ以下を意味します。

[*12]　4-1 節で説明したように、数値を予測したいので回帰分析を使います。回帰分析でもいろいろなモデルがありますが、一番シンプルなモデルが線形回帰モデルです。

Y：予測対象（目的変数）であるアイスクリームが売れる個数

X_1：過去の販売実績（説明変数）

X_2：気温（説明変数）

$\beta0$：切片

$\beta1$、$\beta2$：X_1、X_2それぞれの特徴量（説明変数）の重み

　図4.11の例では、切片と重みは$\beta0 = 5$、$\beta1 = 0.8$、$\beta2 = 0.2$として計算しています。この重みは、過去のデータ（教師データ）を使って、誤差が小さくなるように決めます[*13]。このように過去のデータからモデルの特徴量の重みを調整することを**モデルの学習**と呼びます。

　学習の結果、$\beta0 = 5$、$\beta1 = 0.8$、$\beta2 = 0.2$だったとすると、$Y = 5 + 0.8X1 + 0.2X2$という式になります。この式に、図4.11のように過去の同じ月、同じ曜日の販売個数と天気予報からわかる将来の気温を入れれば、アイスクリームの販売個数が予測できます。ここまでの例を読んで、もっと他の要素からアイスクリームの販売個数が予測できるのではないかと思った方もいるでしょう。それこそが本節で紹介する特徴量設計です。

図4.11　線形回帰モデルを使った予測の計算方法

$$Y = \beta_0 + \beta_1 X_1 + \beta_2 X_2$$

Y実績	Y予測	過去の販売個数 X_1	気温 X_2
70	66	70	25
80	83	90	30

この差が誤差　　　　　　　説明変数 / 特徴量

[*13]　詳しくは、中谷秀洋 著「わけがわかる機械学習」（技術評論社, 2019）などの書籍を参考にしてください。

教師データの収集

　統計・AI モデルに必要なデータの 1 つとして、4-1 節で前述した**教師データ**があります（表 4.6）。すでに蓄積されているデータを教師データとして使える場合もあれば、新たにデータを作成する必要もあります。需要予測であれば過去の販売実績、個々のユーザーの購買予測であればある時点での購買有無のログなどが教師データにあたります。製品の画像から不良品を検出するような事例では、不良品かどうかを人が判断して教師データを作成する必要があります。予測精度は一般にデータの量（何件のデータが使えるか）と質（教師データの信頼性）に依存しますので、その点を意識して教師データを用意してください。データの量についてはイメージが湧きやすいと思うので、データの質について補足します。データの質が高いとは教師データの誤りが少ないことで、不良品検出の例では、良品を誤って不良品とラベル付けしているデータが少ない状態のことです。人手で教師データを作成し、データの質を上げるとコストがかかります。そのため、最終的にはデータの量、質、コストのバランスをとる必要があります。

表 4.6　教師データの事例

事例	教師データ
ユーザーの購買履歴から次にある商品を購買するかどうか予測する	ある商品の購買有無のログ
郵便番号を撮影した画像から数字を認識する	画像に対応した数字
製品の画像から不良品を検出（分類）する	映っている製品が良品か不良品か
メールの送信元やタイトル、本文に含まれる単語から迷惑メールかどうか分類する	対象のメールが迷惑メールか否か

特徴量の設計方法

　重み付けされた特徴量（説明変数）をモデルに組み込んで予測すると前述しました。しかし、闇雲にいろいろな特徴量を入れればいいというわけではなく、予測精度に影響しそうなものを選ぶ必要があります。「データからルールを学習するのが教師ありモデル」でした。ですので、特徴量となるデータの変化と、予測対象となる目的変数の関係性を統計・AIモデルが学習する必要があります。

　特徴量設計のポイントは、予測のもととなるデータが予測対象にどのような影響を与えるのかをイメージすることです。これは実際にそのビジネスを行っている人のドメイン知識をデータに置き換えているともいえます。

図 4.12　人の行動をイメージして特徴量を設計する

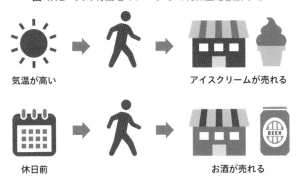

気温が高い　　　　　　　　　　　　アイスクリームが売れる

休日前　　　　　　　　　　　　　　お酒が売れる

　前述した式では、アイスクリームのような季節によって売れ行きが変わる商品は、過去の同じ時期と同じくらい売れるのではないかという仮説や、暑い日は冷たいものが欲しくなり売れるのではないかという仮説を、特徴量（冒頭の例の$X1$と$X2$）というデータに落とし込んでいます。このように、人の行動や因果関係をイメージして、特徴量を設計していきます。もし予測対象がお酒の販売個数であれば、それに合わせて人がどのように行動するかイメージして、採用する特徴量を変えるということです（図4.12）。需要予測のようにユーザーの動きに関する予測をする

場合は、カスタマージャーニーマップ[*14]と呼ばれる方法を用いてユーザーの行動を時系列に並べて、その各ポイントでの行動をデータで表すことができるかを考えるのも有効かもしれません。製品の不良品を検出するような入力が画像の場合は、画像の特徴量を考える必要があります。画像を扱った話は、それだけで書籍になるほど奥が深いので、興味がある読者は書籍[*15]などを参考にしてください。

[*14]　ユーザーがあるサービスや商品を認知して、購入や利用するまでの、ユーザーが体験する一連のプロセスのこと。https://gmotech.jp/semlabo/webmarketing/blog/customer-journey-map/ や「3-3 ビジネスフレームワークの活用」などを参考にしてください。

[*15]　輿水大和　監修，青木義満　主筆，明石卓也，大橋剛介，片岡裕雄，杉本麻樹，竹内渉，戸田真志，中嶋航大，門馬英一郎，山田亮佑　著「図解即戦力 画像センシングのしくみと開発がこれ 1 冊でしっかりわかる教科書」（技術評論社 , 2023）

4-7 モデルの評価

施策実行

落合 桂一

キーワード 評価指標、オフライン検証、オンライン検証

本節では統計・AI モデルの評価方法について解説します。評価の際には、モデルの違いやモデルに期待する観点によって適切な評価指標があります。また、オフライン評価とオンライン評価の 2 つがありますので、その違いを押さえておきましょう。

モデルの評価とは？

モデルの評価とは、統計・AI モデルの良し悪しを定量的に測ることです。統計・AI モデルを作成したらいきなりビジネスに適用するわけではなく、精度を計測して実際に現場で使えそうかを判断する必要があります。例えば、4-6 節で紹介したコンビニの需要予測の例では、過去の販売個数と気温という 2 つの特徴量で需要を予測していましたが、他の特徴量を追加することで、より正確に需要を予測できるかもしれません。どの特徴量を使ったときに最も予測が当たるのかを数値で比較し、モデルの良し悪しを判断するプロセスが**モデルの評価**です[16]。このとき、良し悪しを判断するために**評価指標**が使われます。モデルを評価するときに気を付ける点をまとめます。

Memo

統計・AI モデルを作成したら期待する精度が出ているか確認してからビジネスの現場で利用する。

（後述の通り）ビジネス上の課題に合った評価指標を選んで精度評価をする必要がある。

---

[16] 特徴量を変えるだけでなく、モデルを変えることも含みます。

　モデルの評価には、すでに蓄積されたデータを用いて評価するオフライン評価と、実際のビジネスで得られたデータを使用して評価するオンライン評価があります。本節では、これら2つの評価方法と、どのような評価指標を使ってモデルの良し悪しを判断するかについて解説します。

オフライン評価

　前述の通り、**オフライン評価**は、すでに蓄積されたデータを用いて評価する方法を指します。評価指標は、どの統計・AIモデルを評価するかによって変わります。

　数値を予測する回帰分析であれば、予測した数値と本当の数値（教師データの数値）がどの程度ずれているかを定量化します。ズレを定量化するには、予測した数値$\widehat{y}$と本当の数値yの差$\widehat{y} - y$を計算すればよさそうです。評価に使えるすべてのデータを対象にこの差を計算し、すべての差を足し上げることでモデルの評価を行います。ただし、この差$\widehat{y} - y$をそのまま足し上げると、差が正の場合と負の場合で打ち消しあってしまいます。そこで、差のままではなく、差を二乗したRMSE（Root Mean Squared Error；平均平方二乗誤差）やMAE（Mean Absolute Error；平均絶対誤差）などの指標がよく使われます。

$$RMSE = \sqrt{\frac{1}{N} \sum_{i=1}^{N} \left(y_i - \widehat{y_i}\right)^2} \qquad MAE = \frac{1}{N} \sum_{i=1}^{N} |y_i - \widehat{y_i}|$$

　分類モデルはどのように評価したらいいでしょうか？　分類した結果が本当のカテゴリと一致していたかどうかを数えるという評価が一番単純な方法として考えられそうです。購買有無や迷惑メールか否かといった2値分類では、購入ありや迷惑メールであるという場合を**正例**（Positive）、そうでない場合を**負例**（Negative）と呼びます。そして、予測した結果が正例か負例か、本当のカテゴリが正例か負例かの組み合わせで以下の4パターンの数を数えます。

- True Positive（TP）：モデルは正例（Positive）と予測し、実際のカテゴリも正例（Positive）で正解した場合の数
- True Negative（TN）：モデルは負例（Negative）と予測し、実際のカテゴリも負例（Negative）で正解した場合の数
- False Positive（FP）：モデルは正例（Positive）と予測し、実際のカテゴリは負例（Negative）で不正解だった場合の数
- False Negative（FN）：モデルは負例（Negative）と予測し、実際のカテゴリは正例（Negative）で不正解だった場合の数

これらの4パターンを図4.13のように1つの表にしたものを**混同行列**（Confusion Matrix）と呼びます。この表で対角成分以外が0に近いほど正しく分類できていることを示しています。

図 4.13　混同行列

		予測したカテゴリ	
		Positive	Negative
実際のカテゴリ（正解）	Positive	TP	FN
	Negative	FP	TN

分類モデルの評価指標には、予測結果における正解の割合である正解率、モデルがPositiveと予測したうちに実際にPositiveだった割合である適合率、モデルがPositiveをどれだけ漏れなく予測できたかを示す再現率などもあります。どのような観点から評価したいかによって[17]、適切な指標を選択する必要があります[18]。

$$正解率 = \frac{TP+TN}{TP+FP+TN+FN} \quad 適合率 = \frac{TP}{TP+FP} \quad 再現率 = \frac{TP}{TP+FN}$$

---

[17] 病気の発見では見逃しがない方が良い、迷惑メールの分類では迷惑メールでないメールを誤って迷惑メールと分類しない方がよいといった観点によってモデルに期待すること（＝観点）によって適した評価指標があります。

[18] 評価指標についてより詳しく知りたい方は、次の書籍を参考にするとよいでしょう。高柳慎一, 長田怜士 著「評価指標入門」（技術評論社, 2023）

オンライン評価

　オフラインで統計・AI モデルを検証し、期待する精度を達成したら、実際のビジネスでそのモデルを利用して精度を評価します。これを**オンライン評価**と呼びます。オンライン評価では、実際のビジネスと同じ環境で一部のユーザーや一部のデータに対して評価を行います。オンライン評価の指標は大きく 2 つ考えられます。1 つはオフライン評価で利用した指標をそのまま使って評価します。需要予測の例でいえば、オフライン評価での精度が実際のビジネス環境（オンライン）でも発揮できているかを評価します。もう 1 つは、ビジネス上の KPI が改善したかを評価する方法です。需要予測であれば、それによって商品廃棄が減ったり、売上が増えたりしたかを評価します。

4-8 MLOps

施策実行

落合　桂一

キーワード　ドリフト

前節で解説したようにオフライン評価で精度を確認し、オンライン評価でも期待する性能が出ていれば本格的にビジネスでモデルを利用していくことになります。統計・AI モデルは一度作ったら終わりではありません。本節では、統計・AI モデルを運用するときの注意点を紹介します。

運用が必要な理由

　統計・AI モデルでは、モデルを学習した時点（仮に T1 とします）とその後の時点（T2）ではデータの分布（性質[19]）が変わらないことを仮定しています。図 4.14 に統計・AI モデルの判断とデータのイメージを示します。統計・AI モデルで何らかのデータを分類すると、分類する境界（図 4.14 の実線）をデータから学習し、新たなデータに対して学習したルールに基づいて分類を行います。図 4.14 では、時点 T1 のデータで学習し、白と黒をうまく分類できる基準を学習したとします。しかし、時間の経過とともにデータの性質が変わり、時点 T2 のような分布になると、T1 の時点で学習した分類する基準（図 4.14 右側の点線）では誤った分類を行ってしまいます。このようにデータの分布が変わることは専門的には**ドリフト**と呼ばれており[20]、このドリフトに対応するために AI モデルの運用が必要になります。例えば、気温から販売数を予測する需要予測モデルを作るときに、夏のデータだけで学習したモデルがあったとしたら、冬の気温には対応できません。別の例としては、新型コロナウイルスが流行する前後では人々の購買パターンや意思決定の基準などビジネス環境

---

[19]　わかりやすさを重視して言い換えると、データの性質と言えます。

[20]　Lu, Jie, et al. "Learning under concept drift: A review." IEEE transactions on knowledge and data engineering 31.12 (2018): 2346-2363.

が大きく変わりデータの分布も変わっています。これではデータから学習したパターンが変わってしまい、予測のずれが大きくなります。

図 4.14　データの性質が変わった例

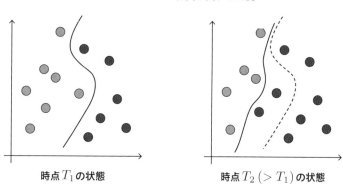

時点 T_1 の状態　　　　　時点 $T_2\,(> T_1)$ の状態

運用する上でのポイント

　統計・AI モデルの運用の必要性がわかったところで、どうやってモデルを運用していけばよいでしょうか？　運用時のポイントに以下の 3 つを挙げます。

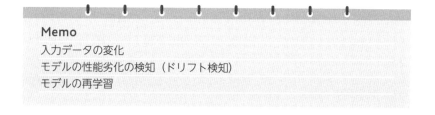

Memo
入力データの変化
モデルの性能劣化の検知（ドリフト検知）
モデルの再学習

　1 点目は、入力データの変化です。ビジネスで統計・AI モデルを活用していると、統計・AI モデルに入力するデータが別のシステムの出力データということも少なくありません。そのようなときに、連携しているシステムの仕様変更や異常により、統計・AI モデルに入力するデータがモ

デルを学習したときの性質と変わってしまうことがあります。このとき、AI モデルの性能劣化の原因はモデルではなく入力データですので、仕様変更に合わせた入力データ作成や異常なデータを入力しないようなしくみを検討する必要があります。統計・AI モデルの性能を日々モニタリングしていれば、ある日突然劣化するため検知することは容易ですが、影響が大きいので、連携しているシステムの仕様変更を注視する必要があります。

　2 点目は、モデルの性能劣化の検知です。1 点目で説明したデータの変化は多かれ少なかれ必ず発生するので、永続的に利用できるモデルを作ることはできません。そのためモデルの性能劣化の検知が必要になります。例えば、オフライン評価で利用した正解率などの指標や、オンライン評価でそれぞれのビジネスに応じて決めた指標を継続的にモニタリングし、精度の劣化を把握します。どの指標をモニタリングするか、それがどの程度低下（上昇）したらアラートを発生させるのかなど、ビジネス部門と統計・AI モデルを運用する部門で実際のデータを確認してあらかじめ決めておきましょう。

　3 点目は、モデルの再学習です。入力データに問題がなく、モデルの精度が劣化している場合はモデルの再学習を検討します。モデルの再学習にはコストがかかるので、得られるメリットと、モデルの精度劣化による機会損失などのデメリットを比較し、モデルの再学習を行うかデータに基づいて議論し意思決定する必要があります。

MLOps という考え方

　ソフトウェア開発において、開発（Development）と運用（Operations）を組み合わせ、継続的にソフトウェアを進化させていくことを DevOps と呼びます。この考え方を統計・AI モデルを活用したデータサイエンスプロジェクトに適用し、機械学習（Machine Learning）と運用（Operations）を組み合わせたのが **MLOps** です。Google トレンドで調べると、2018 〜 2019 年ごろから注目されていることがわかります（図 4.15）。MLOps において具体的に実践することは、運用するうえでのポイントとして前述

した 3 つのことです。

　MLOps を実践するには、AI モデルを作って評価するデータサイエンスのスキルだけでなく、データを加工するデータエンジニアや実際のシステムへの組み込みなど多岐にわたるスキルが必要です。1 人ですべてのスキルを持っていることはまれなので、チームで MLOps を実践していくのが現実的です。

図 **4.15**　MLOps の検索トレンド（Google トレンド）

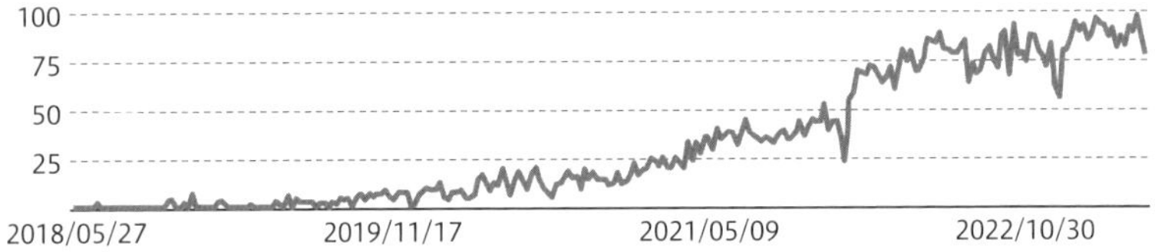

中央集権型か
データの民主化か

伊藤　徹郎

組織の構造の選択

　データの活用をさらに高度化していくためには、組織の状態やメンバーの構成、組織全体のリテラシーの状態を鑑みて、適切な組織構造を選択する必要があります。組織の構造の選択肢は多いわけではありません。特定のミッションを持った組織を1つ組成し、推進をまかせるような**中央集権型**か、さまざまな組織の中に必要なスキルや能力を持った人員を意識的に配置するような**分散型**かの2つです。ある程度熟練すると、それぞれの特性を持った**ハイブリッド型**に移行します。本節では、それぞれの組織構造を選択する際のメリットやデメリット、注意すべきポイントを紹介します。

中央集権型組織のメリット・デメリット

　中央集権型の組織は、組織の中にデータに関する専門チームを置き、そこを中心にデータ活用の推進、データ分析基盤の整備を行います。初期のフェーズで選択される組織構造といえます。

　中央集権型の組織のメリットとしては以下が挙げられます

- 意思決定が迅速に行える
- 統一性や一貫性を保てる
- セキュリティ

　意思決定の迅速性はわかりやすいメリットでしょう。1つの部署に関連するメンバーが集まっているため、基本的な方針や戦略、とるべき施策などの意思決定が早いといえます。また、データ収集や分析、そこから得られる改善施策などの情報も集まるため、ナレッジの蓄積にも期待で

4

A I・データサイエンスの応用

きます。

　次に統一性や一貫性の観点です。単一の部署でデータの分析や集計が行われるため、集計ロジックが部署ごとにバラバラになるような問題は起きにくいでしょう。また、一部署における施策のため、一貫性のある活動ができることもメリットです。

　最後にセキュリティです。データのアクセスについては、いくつか権限を設定する必要があります。例えば、クラウドサービスの管理者権限や、秘匿性の高いデータへのアクセス権限を 1 つの部署の権限として許可しておけばよく、無駄に多くのセキュリティホールを作ることにはなりません。また、データの不正な扱いや持ち出しなどのリスクを考えても、顔が見える範囲で止めることができるでしょう。

　一方、中央集権型の組織構造のデメリットはどうでしょうか。

- データに関する業務の依存度の高さによる遅延
- 独自性の欠如
- 組織のスケーラビリティへの影響

　特定の部署に業務が依存しているということは、その部署を経由しないと業務が成り立ちません。部署で捌ける能力がボトルネックとなる可能性があり、この部署の生産性が低いと、他の部署が関連するオペレーションが止まるようなケースも起きうるでしょう。

　次に遅延や独自性の欠如です。各部署ごとに抱えている課題や異なるシステムにより、生成されるデータの種類が異なることがあります。そうすると、特定の部署の課題に柔軟に対応しにくく、汎用的な解決策の提供にとどまりがちです。そうした場合に、効果を見込める範囲は限定的になるでしょう。

　最後にスケーラビリティへの影響です。組織が成長しているとき、さまざまな部署が立ち上がることがあります。このような組織とデータの中央集権型組織とは相性が悪く、成長スピードを阻害してしまうリスクが生じます。組織のフェーズに応じて組織構造を選択する必要があります。

データの民主化による分散型組織の
メリット・デメリット

　上述したように、組織が成長フェーズにある場合、さまざまな部署が立ち上がるとともにステークホルダーが増えていくため、中央集権型の組織で捌ける業務のスループットは停滞しがちです。そこでそれぞれの部署に専門的なスキルやノウハウを持った人材を配置し、各所でデータ分析を行えるような分散型組織にシフトできると効率が上がります。また、そこから各部署内でナレッジを共有し、データを扱える人材を増やしていく活動を「データ民主化」と呼びます。

　分散型組織のメリットは下記の通りです。

- 参加と創造性の促進
- 柔軟性と適応性
- 制約の削減

　データ分析に対して専門的に携わる部門が1つの企業の中に複数あると、分業の視点から適切な部署にまかせるような、社内での受発注が発生します（効率的に見えるのですが、前述の指摘の通り、デメリットも多く、何より関連業務の発注側の意識やマインドスキルが育ちにくい弊害があります）。データの民主化によりデータを扱うメンバーが近くにいると、そういった類の業務も自分達で行うのだという自分ごと化が起こりやすく、データ活用の推進に好影響を与えます。また、さまざまなコンテキストを持ったメンバーが参画するため、新しい解釈の方向性や可視化方法、分析の切り口などが増えるといった創造性の観点で機能するでしょう。

　次に、柔軟性と適応性です。各部署におけるデータ活用の用途や目的はさまざまです。分散型の組織のメリットは、そのような目的や用途を変えずにプロジェクトを推進できる点です。分散型組織の場合は自分たちの課題を明確に認識しているため、かゆいところに手が届かなかった施策にデータの活用が行き渡ることもあるでしょう。中央集権の場合は

4

AI・データサイエンスの応用

細かい配慮ができませんが、分散型はより自分たちの目的に沿った形に
カスタマイズができます。

　最後は制約の削減です。前述のようにデータ活用は権限やセキュリティ
管理と切り離して考えることはできません。リスクマネジメントにおい
ては、より安全な側に誘導することが一般的です。例えば、業務に関連
するデータにもかかわらず、主務ではないためアクセス権限が付与され
ていないこともあります。しかし、分散型組織では、自分たちでそうし
たアクセス権限をコントロールできるため、制約に悩まされることはあ
りません。中央集権型よりも制約が少なく、動きやすい環境といえます。

　分散型の組織のメリットは、デメリットの裏返しそのものです。デメ
リットは下記の通りです。

- 情報の断片化と整合性の欠如
- セキュリティリスク

　部門ごとの柔軟性や適応性を与えて運用することで、情報が断片化し、
整合性が欠如します。例えば、部門ごとに KPI を算出しているが、ロジッ
クに整合性がなく、どのロジックが正しいかわからないといったケース
があります。これは単純に組織構造だけの問題ではありませんが、分散
型構造を選択したがゆえに陥りやすいアンチパターンです。また、制約
の削減により、柔軟性やアクセスできる権限が増える反面、セキュリティ
リスクが高くなってしまうことはご理解いただけるでしょう。

注意すべきポイント

　最後に、組織構造を選択するうえでの注意点についてふれます。まず
組織構造はその形態が常に最上の選択であることは継続しないと心得て
ください。組織のフェーズによって中央集権から分散型にシフトすると
前述しました。その後、双方の良さを取り入れたハイブリッド型の組織
へと転じていくのが一般的です。そのうえで、どちらに比重を傾けるか
は運用する中で向き合うことになります。正解はありませんが、組織の

状態、人材の状況、組織文化の変容状態、経営層の力の入れ具合といったさまざまな要因により、そのバランスは変化するはずです。

　また、組織構造を選択するうえで、技術やインフラ整備は欠かせません。筆者はよく「ガードレールを敷く」という表現を用いますが、インフラのレイヤでガードレールが設置されていれば、利用者はその中である程度自由度を担保して動き回ることが可能です。データ分析の推進を担う組織は、率先して直接的なサポートから抽象的なサポートへと進化していくことが必要です。

　最後に、これらの施策を企業に浸透させるためには、強いリーダーシップと適切なガバナンスの確立が必要です。ほとんどの場合、データ分析業務は既存業務以外の作業とみなされることが多く、インセンティブが働きにくいです。このような施策をなぜ行う必要があるか、活用した先にどんなよいことがあるか、それが企業にどんなメリットをもたらすかなどを説明し続けなければなりません。こうした活動には強いリーダーシップが不可欠です。また、活用だけに比重を置きすぎると、いざ何かあったときに重大なトラブルに見舞われます。そうしたことをケアするうえでも適切なガバナンスを効かせられる体制を確立していくことが必要です。

付録 A

分析テーマ集

　2章のデジタル化が完了したからといって、すぐに分析に取り掛かることができる組織はそう多くありません。分析のための環境を整備する必要がありますし、分析担当者がいなければ採用するか、社内で育成することになります。さらに、さまざまな分析テーマが考えられる中で何を選択するべきかは、経験が浅い組織にとっては難しい問題です。とりあえず試してみるという方法もありますが、3章の冒頭でもふれたようにデータ分析チームはスモールスタートを意識するべきですし、筋の良い分析テーマを選定できていなければ、時間やコストを浪費する可能性があります。そこで、本付録では、集計や可視化のみで解決できる分析テーマをリストアップします。データサイエンスのスキルを必要とする分析テーマも数多くありますが、本書の4章のケイパビリティを蓄積し、使用できる状況になってから取り組むことをおすすめします。業種、必要とするデータと分析テーマの概要を参考に、分析テーマの検討をしましょう。

表 A.1　業界ごとの分析テーマ集

業種	分析テーマ	用いるデータ	概要
製造	製造品質の改善	生産ラインのセンサーデータ、不良品の記録	不良品率を低減するため、生産ラインのセンサーデータと不良品の記録を分析。問題の製造ラインを特定し、品質を向上させる施策を導入。
運送	配送効率の現状把握	配送ルートデータ、トラックの稼働状況、積載状況のデータ	配送ルートとトラックの活用状況を把握。
運送	配送効率の最適化	配送ルートデータ、トラックの稼働状況、積載状況のデータ	配送ルートとトラックの活用状況を分析し、効率の良い配送計画を立案。運送料金の削減が目的。
観光	顧客満足度の向上	口コミデータ、アンケートデータ	顧客のレビューやアンケートデータを分析し、サービス改善の方針を策定。
医療	待ち時間の削減	来院データ、処方データ、処置データ	来院者の待ち時間を減らすために状況を把握し、看護婦や医師、設備の最適化を行う。

小売	POS 分析	売上データ、在庫データ、気象データ、顧客データ	売れ筋商品と死に筋商品を見極め、適正な在庫管理や品揃えを実施。顧客の情報を保持する ID-POS 分析では顧客の趣味嗜好に合わせたマーケティングを行う。
小売	陳列の最適化	売上データ、商品の配置データ、店舗内回遊センサーデータ、顧客データ	顧客ごとの店舗内行動や併売状況を把握し、陳列の最適化を行う。
金融	貸し倒れ率予測	業種データ、業績データ、企業倒産データ	金融機関の貸付業務を行う際に、融資を行う企業が過去の企業データからどの程度の貸し倒れリスクがあるかをモデル化し、確率を算出する。
保険	保険料の最適化	顧客属性データ、保険料支払データ	顧客の年齢や居住地、仕事などの属性データから、今後どの程度の確率て保険料が支払われそうかの確率を算出し、適正な保険料金の価格を算出する。
宿泊	ダイナミックプライシング	予約データ（宿泊日、予約日、価格）、カレンダー情報（繁忙期、曜日）	繁忙期かどうかや曜日別に、予約から宿泊までの日数や価格帯別に予約数を集計。早い段階で予約が埋まっていれば価格を上げられる可能性がある。
電気	電力の安定供給	過去の需要データ、イベントデータ、設備データ	各種データをもとに、電力の需要と供給の計画立案、および安定運用のためのモニタリングを行う。
通信	ネットワーク品質の向上	通信品質データ（スループットや遅延時間）、基地局数、在圏端末数	時間帯や場所ごとに、基地局数や端末数、通信品質データを集計し傾向を把握する。
不動産	需要可視化	価格データ、駅・病院・学校などの施設情報、地域別における世帯情報	駅近など施設の利便性や世帯の属性等をもとに、各地域の物件の希少性やターゲット顧客層を特定。地域ごとの需要の高さを地図上にマッピングして可視化する。

飲食	シフト最適化 / 客数予測 / 仕入最適化	予約データ、売上データ	客数予測を行い、日別や時間帯別にどれくらいのスタッフや食材が必要かを判断する。人件費や廃棄ロスの削減とともに、サービスや品質の向上をねらう。
教育	テストの集計	問題データ、回答データ	どのくらいの学力があるかを測定するために、オンラインのテストを実施。その回答結果から、それぞれのユーザーの正答率を集計し、成績を算出する。
教育	受講内容の最適化	受講科目データ、担当教師データ、テストの成績データ	受講内容とテスト結果、担当教師を把握し、成績が上がる受講順序を把握して改善を行う。
鉄道・バス	路線別便数の最適化	路線別売上、コスト、人流統計データ、人口推移予測データ、運転手のリソース情報	各種データをもとに可視化・集計を行い、路線別の運転計画や採算計画を立てる。コンサートといった特定のイベントへの備え、海外からのインバウンドへの対応の検討、また短期的な視点だけではなく、中長期の人口動態を考慮しつつ増便・減便などを計画する。

付録 B

参考書籍・Web 資料

　　データで話す組織を作るには調整役となることが必要だと述べましたが、本書ではコミュニケーションスキルや、ビジネススキルについても、車輪の再発明はせず、既存の優れた書籍に解説を預けています。また、技術面についての解説はほぼ省略しました。デジタル化からデータ分析、AI・データサイエンスの活用のフェーズでは多くのエンジニア・データ分析者がプロジェクトに関わることになり、技術的な知識が問われる場面があるかもしれません。以下に参考書籍をまとめます。

全般に関わる書籍

大城 信晃 監修・著者 , マスクド・アナライズ , 伊藤 徹郎 , 小西 哲平 , 西原 成輝 , 油井 志郎 , 株式会社ししまろ 著「AI・データ分析プロジェクトのすべて」（技術評論社 , 2020）

　　本書の執筆陣が多く関わるこちらの書籍は、データ分析プロジェクトに特化した一冊です。本書の AI・データサイエンスフェーズに取り組む前後でお読みいただくことをおすすめします。

経済産業省「Society5.0 データ利活用のポイント集」https://www.meti.go.jp/policy/economy/chizai/chiteki/pdf/datapoint.pdf

　　経営、法務、人材育成など多岐にわたる観点からデータ活用にあたってのポイントがまとまっています。

土屋 哲雄 著「ワークマン式「しない経営」」（ダイヤモンド社 , 2020）

　　Excel を活用し「データで話す組織」となったワークマンの事例が、経営者からの視点でわかりやすく記載されています。

柳瀬 隆志 , 酒井 真弓 著「なぜ九州のホームセンターが国内有数の DX 企業になれたか」（ダイヤモンド社 , 2022）

　　ホームページもなかった九州のホームセンターグッデイが DX 先進企業と呼ばれるようになるまでの過程がわかりやすく描かれています。

尾花山 和哉, 株式会社ホクソエム, 伊藤 徹郎, 江川 智啓, 大城 信晃, 川島 彩貴, 輿石 拓真, 新川 裕也, 竹久 真也, 丸山 哲太郎, 簑田 高志 著「データ分析失敗事例集」（共立出版, 2023）

データ分析事例の成功事例はウェブなどでよく見かけるものの、数多く存在する失敗事例はなかなか目にする機会がありません。そんなデータ分析の失敗事例を多くの実務者がもちよって紹介した貴重な一冊です。経験者であればトラウマを思い出したり、胃が痛くなるかもしれませんし、未経験者は今後の失敗を回避するシミュレーションにもなるかもしれません。

本橋 洋介 著「業界別！AI 活用地図」（翔泳社, 2019）

AI の事例が業界別に多数記載されており、事例の把握に参考となる書籍です。

統計・機械学習・プログラミング

高橋 信, トレンドプロ 著「マンガでわかる統計学」（オーム社, 2004）

本書で省略した統計学の基本がわかりやすく説明されています。

高柳 慎一, 長田怜士 著, 株式会社ホクソエム 監修「評価指標入門」（技術評論社, 2023）

本書ではモデルの評価について概要のみ説明しました。応用シーンによって評価指標がいろいろと変わるので、評価指標について学べる書籍として参考になります。

大西 可奈子 著「いちばんやさしい AI〈人工知能〉超入門」（マイナビ出版, 2018）

数学の知識なしに AI でできることを説明している書籍です。さまざまな職業で AI がどう活用できるか紹介しています。

門脇 大輔，阪田 隆司，保坂 桂佑，平松 雄司 著「Kaggle で勝つデータ分析の技術」（技術評論社，2019）

　データ分析にコンペティションの Kaggle で実際に勝つために必要なプロセスを解説した一冊です。分析コンペの概要から、特徴量の生成、モデリング、評価やチューニングまでを解説しており、まずはこれを読んでから分析コンペや実際の分析プロジェクトに参画するとよいでしょう。

谷合 廣紀 著，辻 真吾 監修「Python で理解する統計解析の基礎」（技術評論社，2018）

　Python を使用して基礎的な統計を学習できる書籍です。手を動かすことで理解が深まります。

インフラ・データ基盤

ゆずたそ，渡部 徹太郎，伊藤 徹郎 著「実践的データ基盤への処方箋」（技術評論社，2021）

　本書ではデータ基盤の構築・運用方法などは説明していません。コラムで紹介した通り、多くのデータ基盤はアンチパターンに近い形で構築されることが多いです。そうした状況を回避するため、適切なノウハウや知識を吸収するために適した一冊です。

ゆずたそ 著・編集，はせりょ 著「データマネジメントが 30 分でわかる本」（NextPublishing Authors Press, 2020）

　データマネジメントの体系書「DMBOK」から必要な要素を抜き出して平易に解説している書籍です。DMBOK は非常にページ数が多いため、まずは概要を俯瞰したい場合に最適です。

渡部 徹太郎 著「ビッグデータ分析のシステムと開発がこれ 1 冊でしっかりわかる教科書」（技術評論社，2019）

　データ基盤のシステムに関して図解を用いて平易に解説した書籍です。やや古く感じられる部分はありますが、基本的なシステムの考え方は今

でも通用するものが多く、データ基盤を作り始める際には目を通したい一冊です

ビジネススキル

エディフィストラーニング株式会社 上村 有子 著「要件定義のセオリーと実践方法がこれ1冊でしっかりわかる教科書」(技術評論社 , 2020)

　システム開発の要件定義が記載されているが、データ分析にも応用できる一冊です。要件定義の進め方や概要をわかりやすく説明されています。

西村 克己 著「これ以上やさしく書けない プロジェクトマネジメントのトリセツ」(パンダ・パブリッシング , 2015)

　登場人物などのストーリーが設定されており、ストーリーをベースにプロジェクトの進め方や推進に必要な項目、考え方をわかりやすく説明しています。

前田 考歩 , 後藤 洋平 著「紙1枚に書くだけでうまくいく プロジェクト進行の技術が身につく本」(翔泳社 , 2020)

　プロジェクトの状況などを紙1枚に書いて理解し、推進するという一冊です。プロジェクト進行とは? という問いに対して優しく解説されています。

課題発見

森岡 毅 , 今西 聖貴 著「確率思考の戦略論」(KADOKAWA, 2016)

　ビジネス上の課題を見つけ、それに対してデータサイエンスを活用するという一連の流れが参考になります。

齋藤 嘉則 著「新版 問題解決プロフェッショナル―思考と技術」(ダイヤモンド社 , 2010)

　問題解決思考について、MECE やロジックツリーといった手法ととも

に理論と実践がわかりやすく説明されています。

孝忠 大輔 著・編集 , 川地 章夫 , 河野 俊輔 , 鈴木 海理 , 長城 沙樹 , 中野 淳一 著「紙と鉛筆で身につける データサイエンティストの仮説思考」（翔泳社 , 2022）

　Python や R などのプログラミングはなく、データ分析の考え方やアルゴリズム使用例の説明があります

安宅和人 著「イシューからはじめよ」（英治出版 , 2010）

　闇雲に手を動かすのではなく、解くべき課題についてまずは考える大切さが述べられている一冊です。

内田 和成「仮説思考 BCG 流 問題発見・解決の発想法」（東洋経済新報社 , 2006）

　仮説をもとに課題解決を進めるための考え方などが説明されている一冊です。仮設思考が強くない方におすすめです。

人材

村上智之 著「データ × AI 人材キャリア大全」（翔泳社 , 2022）

　データサイエンティストになるためにどうしたらよいかを体系的に学びたい人におすすめです。職種・業務別にどのようなスキルやキャリアが必要なのかを解説しています。

久松 剛 著「IT エンジニア採用とマネジメントのすべて」（かんき出版 , 2022）

　データ系の人材に限った話ではありませんが、IT エンジニアの採用からマネジメントに関する内容を道筋ごとに解説しているのでおすすめです。

データ

馬場 真哉 著「意思決定分析と予測の活用」(講談社 , 2021)

決定分析の入門書です。意思決定という言葉はよく目にしますが、実際にそれらを理論から分析の実際にまで解説したものは少なく、そういう内容では珍しい一冊です。

杉山 聡 著「本質を捉えたデータ分析のための分析モデル入門」(ソシム , 2022)

データサイエンスのど真ん中である分析モデルを平易に解説したものです。基本的なモデルの用途や性質から原理までを一気通貫で解説しており、少し難しいかもしれませんが、確実に分析力をアップさせてくれる良書です。

江崎 貴裕 著「分析者のためのデータ解釈学入門」(ソシム , 2020)

データ分析のモデリングの手前やその後の解釈にフォーカスした書籍です。本質であるモデリングに注目するあまり、その前後の工程がおろそかになってしまう事例はたくさんあるため、そうした方にはおすすめです。初学者でも理解しやすい平易な内容となっています。

施策実行

齋藤 優太 , 安井 翔太 著 , 株式会社ホクソエム 監修「施策デザインのための機械学習入門」(技術評論社 , 2021)

機械学習をビジネスに適用することを主眼において解説された良書です。ビジネス課題を数式に落とし込み、それらを計算するサンプルコードまでが解説されていて、初学者でも理解がしやすいようになっています。

安井 翔太 著 , 株式会社ホクソエム 監修「効果検証入門」（技術評論社 , 2020）

　ビジネスでよく実施される施策の実行を RCT（Randomized Controlled Trial；ランダム化比較試験）や因果推論をベースに検証するために必要なことを解説した書籍です。実際に計算するためのサンプルコードもついており、おすすめな一冊です。

森下 光之助 著「機械学習を解釈する技術」（技術評論社 , 2021）

　機械学習モデルを作成し、予測や分類などを行なって、そのモデルの性能を評価することが一般的になりましたが、それらを説明可能にし、解釈を加えることができなければビジネスにおいて活用することは難しいといえます。説明可能性のアプローチから、解説している貴重な一冊です。

おわりに

大城　信晃

　「データで話す組織」を最後までお読みいただきありがとうございます。本書で記述されている内容を実行するには、10〜15年という長い時間が必要だと筆者らは考えています。その中長期にわたる取り組みを一冊に凝縮したため、読者が知りたい肝心のところが抜けていると感じた箇所があったかもしれません。DXプロジェクトを推進するには、多くのタスクをこなす必要があり、たくさんの協業者との議論、ときには開発が必要な場面があるかもしれません。そういった各工程、細部の技術については、実は世の中を見渡してみるとたくさんの良い資料や書籍があるものです。本書は、「データで話す組織」を作り、DXを結実するための勘所をまとめるという意欲的な書籍であるため、すべてを丁寧に解説するスタイルではないことを本書の最後にお断りさせていただきます。これからデジタル化に取り組む方にとっては、「データ分析」フェーズ「AI・データサイエンス」フェーズと読み進めるにつれ、専門的な用語も増え、難易度が高く感じることがあったかもしれません。しかし、「データで話す組織」を作っていくため、DXの実現のためには、あとで振り返ってみたときに、通らなければならないものだったと思っていただけるとものをトピックとして選定しました。また、筆者らの経験上、そういったフェーズを重ねるにつれて、その当事者が知識を身につける必要性にかられるものだと思っています。一気に読めばそう時間がかかる内容ではありませんが、実際に実行に移すとなったとき、本当に必要なときに本書をたびたび開いていただくことを期待します。

　一足飛びのDXの結実は簡単ではありませんが、着実にステップを踏めばデータはみなさんの強力な武器になります。「データで話す組織」作りを通して、みなさんの思い描くDXの実現を願っています。

索引

著者紹介

大城 信晃

NOB DATA 株式会社 代表取締役

データサイエンティスト協会九州支部 支部長

ヤフー（株）、DATUM STUDIO（株）、LINE Fukuoka（株）を経て 2018 年に NOB DATA（株）を福岡にて創業。2010 年のデータサイエンスの黎明期から現在まで、ビジネスにおけるデータ活用を一貫して行っている。現在は主に地方のインフラ企業（電力・鉄道・通信、他）にて DX 推進という文脈で各社に自走できる分析チームの立ち上げに関する伴走支援を、東京エリアを中心とする企業にて ChatGPT 等の LLM 技術を応用したサービス開発・業務活用支援を行っている。

著書：『AI・データ分析プロジェクトのすべて』（技術評論社）、データ分析失敗事例集（共立出版）、他 2 冊

油井 志郎

株式会社ししまろ CEO（代表取締役）

プライム上場企業にてソーシャルゲーム・広告データの分析業に従事し分析業界へ。その後、データ分析専門のコンサル会社にてデータサイエンティストに転職し、AI 開発、分析基盤構築、分析コンサル、数理予測モデリングを行い、フリーランスを経て、2017 年に株式会社ししまろを創業。金融、医療、製薬、製造メーカー、IT、観光、運送、小売などのさまざまなデータ分析・AI 関連などの分析全般を伴走型で支援を行っている。著書：『AI・データ分析プロジェクトのすべて』（技術評論社）

小西 哲平

株式会社 biomy 代表取締役社長

大阪大学大学院基礎工学研究科修了。NTT ドコモ先進技術研究所にて、位置情報サービスの行動履歴や Web 履歴のデータ解析、AI による動画像解析の研究／新規事業開発に従事。NTT ドコモ退社後、IT ベンチャー CTO などとして複数の会社でデータ分析／AI 開発を行い、株式会社 biomy を創業。がん微小環境の AI 解析を通して個別化医療の実現を目指す。秋田大学大学院医学系研究科博士課程（病理学）、理化学研究所に研究員としても在籍。著書：『AI・データ分析プロジェクトのすべて』（技術評論社）

伊藤 徹郎

Classi 株式会社 プロダクト本部 本部長
徳島大学 デザイン型 AI 教育研究センター 客員准教授

大学卒業後、大手インターネット金融グループを経てデータ分析コンサルタントに従事し、さまざまな業界のデータ分析案件に携わる。その後、事業会社に転じ、レシピサービスや家計簿サービスの開発や分析、新規事業開発などに従事。現在は Classi 株式会社にて、データ組織の立ち上げからエンジニア組織の統括。2023 年 8 月よりプロダクト開発に関わるすべての職能を統括した部署の本部長に就任し、奮闘するかたわら、大学にも籍を置く。

著書：『AI・データ分析プロジェクトのすべて』（技術評論社）、『実践的データ基盤への処方箋』（技術評論社）、データ分析失敗事例集（共立出版）など

落合 桂一

大手通信会社 R&D 部門　データサイエンティスト
東京大学大学院工学系研究科 特任助教

大学卒業後、大手通信会社でソーシャルメディアや位置情報のデータ分析に携わり、新技術の研究と実用化開発に従事。その後、業務に従事しながら 2017 年に東京大学大学院工学系研究科で博士（工学）を取得。現在は、同社で位置情報、端末ログなどのモバイル関連データに対する機械学習の応用に関する研究開発に従事。また、自らの経験を活かし大学で社会人ドクターの研究を指導。国際的なデータ分析コンペ KDD Cup において 2019 年の 1 位をはじめ複数回入賞。著書：「人工知能学大事典」分担執筆（共立出版）

宮田 和三郎

株式会社カホエンタープライズ CTO

大学卒業後、システム開発企業や DWH ベンダーで、製造業や小売業を中心としたデータ利活用プロジェクトに携わる。その後、小売企業で分析基盤の構築やデータ教育などを通じて、データ利活用を推進。2017 年からは現職にて、業種業態を問わず、さまざまな組織におけるデータ利活用の支援を行なっている。

経営や組織の観点でのデータ利活用に深い興味を持ち、九州大学大学院経済学府では、「データ駆動型意思決定の推進／阻害要因」についての研究を実施。

■ Staff

装丁・本文デザイン●阿保 裕美（トップスタジオデザイン室）

DTP ●株式会社トップスタジオ

本文・表紙イラスト●青木 健太郎（セメントミルク）

担当●高屋 卓也

データで話す組織
～プロジェクトを成功に導く
「課題発見、人材、データ、施策実行」4 つの力

2023 年 11 月 23 日　　初版　第 1 刷発行

著　者	大城信晃、油井志郎、小西哲平、 伊藤徹郎、落合桂一、宮田和三郎
発行者	片岡　巖
発行所	株式会社技術評論社 東京都新宿区市谷左内町 21-13 電話　　03-3513-6150　販売促進部 　　　　03-3513-6177　第 5 編集部
印刷／製本	港北メディアサービス株式会社

定価はカバーに表示してあります。

■お問い合わせについて

　本書についての電話によるお問い合わせはご遠慮ください。質問等がございましたら、下記までFAX または封書でお送りくださいますようお願いいたします。

【宛先】
〒 162-0846
　東京都新宿区市谷左内町 21-13
　株式会社技術評論社
　「データで話す組織」係
FAX　03-3513-6173

　FAX 番号は変更されていることもありますので、ご確認の上ご利用ください。
なお、本書の範囲を超える事柄についてのお問い合わせには一切応じられませんので、あらかじめご了承ください。